云南建设学校
国家中职示范校建设成果

国家中职示范校建设成果系列实训教材

建筑结构与识图

赵桂兰　主编
廖春洪　主审

中国建筑工业出版社

图书在版编目（CIP）数据

建筑结构与识图/赵桂兰主编．—北京：中国建筑工业
出版社，2014.11（2022.9重印）
国家中职示范校建设成果系列实训教材
ISBN 978-7-112-17036-4

Ⅰ.①建…　Ⅱ.①赵…　Ⅲ.①建筑结构-中等专业学
校-教材②建筑结构-建筑制图-识别-中等专业学校-教材
Ⅳ.①TU2

中国版本图书馆 CIP 数据核字（2015）第 042660 号

本书是按我国新修订的《混凝土结构施工图平面整体表示方法制图规则和构造
详图》以及现行的《混凝土结构设计规范》、《砌体结构设计规范》、《钢结构设计规
范》、《建筑抗震设计规范》等编写的。本书主要介绍混凝土柱、墙、梁、板、楼
梯、基础等构件的构造要求和平法识读方法，以及砌体结构、钢结构的一般构造和
建筑结构抗震构造。全书共 7 章，主要包括：建筑结构概论、钢筋混凝土结构、砌
体结构、钢结构、建筑地基基础、建筑结构抗震构造、综合案例。

本书可作为中等职业教育土建类专业的教学用书，也可供工程造价人员参考。

为了更好地支持相应课程的教学，我们向采用本书作为教材的教师提供课件，
有需要者可与出版社联系。

建工书院：http://edu.cabplink.com/index

邮箱：jckj@cabp.com.cn,2917266507@qq.com

电话：010-58337285

责任编辑：聂　伟　陈　桦
责任设计：李志立
责任校对：李美娜　赵　颖

云南建设学校国家中职示范校建设成果
国家中职示范校建设成果系列实训教材
建筑结构与识图
赵桂兰　主编
廖春洪　主审

*

中国建筑工业出版社出版、发行（北京海淀三里河路9号）
各地新华书店、建筑书店经销
北京科地亚盟排版公司制版
北京建筑工业印刷厂印刷

*

开本：787×1092毫米　1/16　印张：9½　字数：227千字
2015年6月第一版　2022年9月第五次印刷
定价：27.00元（赠教师课件）
ISBN 978-7-112-17036-4
（25844）

国家中职示范校建设成果系列实训教材

编 审 委 员 会

主　任： 廖春洪　王雁荣

副主任： 王和生　何嘉熙　黄　洁

编委会： （按姓氏笔画排序）

王　谊　王和生　王雁荣　卢光武　田云彪

刘平平　刘海春　李　敬　李文峰　李春年

杨东华　吴成家　何嘉熙　张新义　陈　超

林　云　金　煜　赵双社　赵桂兰　胡　毅

胡志光　聂　伟　唐　琦　黄　洁　蒋　欣

管绍波　廖春洪　黎　程

序　言

提升中等职业教育人才培养质量，需要我们大力推动专业设置与产业需求、课程内容与职业标准、教学过程与生产过程"三对接"，积极推进学历证书和职业资格证书"双证书"制度，做到学以致用。

实现教学过程与生产过程的对接，全面提高学生素质、培养学生创新能力和实践能力，需要构造体现以教师为主导、以学生为主体、以实践为主线的中等职业教育现代教学方法体系。这就要求中等职业教育要从培养目标出发，运用理实一体化、目标教学法、行为导向法等教学方法，培养应用型、技能型人才。

但我国职业教育改革进程刚刚起步，以中等职业教育现代教学方法体系编写的教材较少，特别是体现理实一体化教学特点的实训教材非常缺乏，不能满足中等职业学校课程体系改革的要求。为了推动中等职业学校建筑类专业教学改革，作为国家中等职业教育改革发展示范学校的云南建设学校组织编写了《国家中职示范校建设成果系列实训教材》。

本套教材借鉴了国内外职业教育改革经验，注重学生实践动手能力的培养，涵盖了建筑类专业的主要专业核心课程和专业方向课程。本套教材按照住房和城乡建设部中等职业教育专业指导委员会最新专业教学标准和现行国家规范，以项目教学法为主要教学思路编写，并配有大量工程实例及分析，可作为全国中等职业教育建筑类专业教学改革的借鉴和参考。

由于时间仓促，水平和能力有限，本套教材还存在许多不足之处，恳请广大读者批评指正。

《国家中职示范校建设成果系列实训教材》编审委员会

2014 年 5 月

前　言

　　本书着重强调建筑结构知识的应用，突出培养学生识读结构施工图的能力，简化结构理论和结构计算的内容，以"够用"、"实用"为原则，增加了结构施工图识图的内容。通过学习本书，使学生了解结构构件的受力原理，掌握结构构件的构造要求和结构施工图表达的内容，读懂结构施工图。

　　全书共7章，分别为建筑结构概论、钢筋混凝土结构、砌体结构、钢结构、建筑地基基础、建筑结构抗震构造、综合案例。其中综合案例紧扣云南建设学校的黄洁主编的《建筑工程实例图册》，读者应结合使用。本书采用了国家和行业的新规范、标准和规程，体现了新材料、新技术的应用。

　　本书由云南建设学校赵桂兰主编，罗超、袁磊、李永治参编。其中第1章由罗超编写；第2章第2.1～2.5节由袁磊编写；第2章第2.6节由李永治编写；第3章由赵桂兰编写；第4章第4.1～4.3节由赵桂兰编写；第4章第4.4节由李永治编写；第5章第5.1～5.2节由罗超编写；第5章第5.3节由李永治编写；第6章由罗超编写；第7章由赵桂兰编写。全书由云南建设学校廖春洪主审。同时感谢王雁荣、黄洁等老师对本书编写提供的大力支持。

　　由于编者水平有限，加之时间仓促，本书在编写过程中难免存在疏漏和不妥之处，恳请读者批评指正。

目 录

第1章 建筑结构概论

知识要点及学习要求

➤ 了解建筑结构的概念、分类和特点
➤ 理解结构的功能要求和极限状态
➤ 理解结构的作用和抗力
➤ 了解结构设计的基本知识

1.1 认识建筑结构

1.1.1 建筑结构的概念

建筑是供人们生产、生活和进行其他活动的房屋或场所。各类建筑都离不开梁、板、墙、柱、基础等构件，它们相互连接形成建筑的骨架。建筑中由若干构件连接而成的能承受作用的平面或空间体系称为建筑结构，在不致混淆时可简称为结构。作用可分为直接作用和间接作用。直接作用即习惯上所说的荷载，是施加在结构上的集中力或分布力系，如结构自重、家具及人群荷载、风荷载等。间接作用是引起结构外加变形或约束变形的原因，如地震、基础沉降、温度变化等。

建筑结构由水平构件、竖向构件和基础组成。水平构件包括梁、板等，用以承受竖向荷载；竖向构件包括柱、墙等，其作用是支承水平构件或承受水平荷载；基础的作用是将建筑物承受的荷载传至地基。

1.1.2 建筑结构的分类

建筑结构有多种分类方法。按照承重结构所用的材料不同，建筑结构可分为混凝土结构、砌体结构、钢结构、木结构等类型。

1. 混凝土结构

混凝土结构是钢筋混凝土结构、预应力混凝土结构和素混凝土结构的总称（图1-1）。素混凝土结构是指由无筋或不配置受力钢筋的混凝土制成的结构，在建筑工程中一般只用作基础垫层或室外地坪。

由于混凝土的抗拉强度和抗拉极限应变很小，钢筋混凝土结构在正常使用荷载下一般是带裂缝工作的，这是钢筋混凝土结构最主要的缺点。为了克服这一缺点，可在结构承受荷载之前，在使用荷载作用下可能开裂的部位，预先人为地施加压应力，以抵消或减少外荷载产生的拉应力，从而达到使构

图1-1 混凝土结构

件在正常的使用荷载下不开裂，或者延迟开裂、减小裂缝宽度的目的，这种结构称为预应力混凝土结构。

钢筋混凝土结构是混凝土结构中应用最多的一种，也是应用最广泛的建筑结构形式之一。它不但被广泛应用于多层与高层住宅、宾馆、写字楼以及单层与多层工业厂房等工业与民用建筑中，而且水塔、烟囱、核反应堆等特种结构也多采用钢筋混凝土结构。钢筋混凝土结构之所以应用如此广泛，主要是因为它具有如下优点：

（1）就地取材。钢筋混凝土的主要材料是砂、石，水泥和钢筋所占比例较小。砂、石一般都可由建筑工地附近建材市场提供，水泥和钢材的产地在我国分布也较广。

（2）耐久性好。钢筋混凝土结构中，钢筋被混凝土紧紧包裹而不致锈蚀，即使在侵蚀性介质条件下，也可采用特殊工艺制成耐腐蚀的混凝土，从而保证了结构的耐久性。

（3）整体性好。钢筋混凝土结构特别是现浇结构有很好的整体性，这对于地震区的建筑物具有重要意义，另外还具有抵抗暴风及爆炸和冲击荷载的能力。

（4）可模性好。新拌合的混凝土是可塑的，可根据工程需要制成各种形状的构件，这给合理选择结构形式及构件断面提供了方便。

（5）耐火性好。混凝土是不良传热体，钢筋又有足够的保护层，火灾发生时钢筋不致很快达到软化温度而造成结构瞬间破坏。

钢筋混凝土也有一些缺点，主要是自重大，抗裂性能差，现浇结构模板用量大、工期长等。但随着科学技术的不断发展，这些缺点可以逐渐克服。例如采用轻质、高强的混凝土，可克服自重大的缺点；采用预应力混凝土，可克服容易开裂的缺点；掺入纤维做成纤维混凝土可克服混凝土的脆性；采用预制构件，可减小模板用量，缩短工期。

2. 砌体结构

由块体（砖、石材、砌块）和砂浆砌筑而成的墙、柱作为建筑物主要受力构件的结构称为砌体结构，它是砖砌体结构、石砌体结构和砌块砌体结构的统称（图1-2）。

图 1-2 砌体结构

砌体结构主要有以下优点：

（1）取材方便，造价低廉。砌体结构所需用的原材料如黏土、砂子、天然石材等几乎到处都有，因而比钢筋混凝土结构更为经济，并能节约水泥、钢材和木材。砌块砌体还可节约土地，使建筑向绿色建筑、环保建筑方向发展。

（2）具有良好的耐火性及耐久性。一般情况下，砌体能耐受400℃的高温。砌体耐腐蚀性能良好，完全能满足预期的耐久年限要求。

（3）具有良好的保温、隔热、隔声性能，节能效果好。

（4）施工简单，技术容易掌握和普及，也不需要特殊的设备。

砌体结构的主要缺点是自重大，强度低，整体性差，砌筑劳动强度大。

砌体结构在多层建筑中应用非常广泛，特别是在多层民用建筑中，砌体结构占绝大多数。目前高层砌体结构也开始应用，最大建筑高度已达 10 余层。

3. 钢结构

钢结构系指以钢材为主材制作的结构（图 1-3）。钢结构具有以下主要优点：

图 1-3 钢结构

（1）材料强度高，自重轻，塑性和韧性好，材质均匀；

（2）便于工厂生产和机械化施工，便于拆卸，施工工期短；

（3）具有优越的抗震性能；

（4）无污染、可再生、节能、安全，符合建筑可持续发展的原则。

钢结构易腐蚀，需经常油漆维护，故维护费用较高。钢结构的耐火性差。当温度达到 250℃ 时，钢结构的材质将会发生较大变化；当温度达到 600℃ 时，结构会瞬间崩溃，完全丧失承载能力。

图 1-4 木结构房屋

4. 木结构

木结构是指全部或大部分用木材制作的结构（图 1-4）。这种结构能就地取材，制作简单，但易燃、易腐蚀、变形大，并且木材使用受到国家严格限制，因此已很少采用。

1.2 建筑结构设计的基本知识

建筑结构在施工和使用期间要承受各种外力的作用，如人群、雪、风、自重等直接作用在建筑结构上的力，此外，温度变化、地基不均匀变形、地面运动等，也会间接地作用在结构上。在建筑工程中通常将直接作用在结构上的外力称为荷载。

1.2.1 荷载的分类

1. 永久荷载

永久荷载也称恒荷载，是指在结构使用期间，其值不随时间变化，或者其变化与平均值相比可忽略不计的荷载，如结构自重、土压力、预应力等。

2. 可变荷载

可变荷载也称为活荷载，是指在结构使用期间，其值随时间变化，且其变化值与平均值相比不可忽略的荷载，如楼面活荷载、屋面活荷载、风荷载、雪荷载、吊车荷载等。

3. 偶然荷载

在结构使用期间不一定出现，而一旦出现，其量值很大且持续时间很短的荷载称为偶然荷载，如爆炸力、撞击力等。

1.2.2 荷载代表值

荷载代表值是设计中用以验算极限状态所采用的荷载量值，例如标准值、组合值、频遇值和准永久值。

1. 荷载标准值

作用于结构上的荷载的大小具有变异性。例如，对于结构自重等永久荷载，虽可事先根据结构的设计尺寸和材料单位重量计算出来，但施工时由于尺寸偏差，材料单位重量的变异性等原因，致使结构的实际自重并不完全与计算结果相吻合。至于可变荷载的大小，其不定因素则更多。荷载标准值就是结构在设计基准期内，在正常情况下可能出现的最大荷载值，它是荷载的基本代表值，统一由设计基准期内最大荷载概率分布的某一分位值来确定，有永久荷载标准值和可变荷载标准值。其他代表值可由标准值乘以相应系数后得出。

2. 可变荷载准永久值

对可变荷载，在设计基准期内，其超越的总时间约为设计基准期一半的荷载值称为可变荷载准永久值。可变荷载在设计基准期内会随时间而发生变化，并且不同可变荷载在结构上的变化情况不一样。如住宅楼面活荷载，人群荷载的流动性较大，而家具荷载的流动性则相对较小。在设计基准期内经常达到或超过的那部分荷载值（总的持续时间不低于25年），称为可变荷载准永久值。它对结构的影响类似于永久荷载。

3. 可变荷载组合值

两种或两种以上可变荷载同时作用于结构上时，所有可变荷载同时达到其单独出现时可能达到的最大值的概率极小。因此，除主导荷载（产生最大效应的荷载）仍可以其标准值为代表值外，其他伴随荷载均应以小于标准值的荷载值为代表值，此即可变荷载组合值。

4. 可变荷载频遇值

对可变荷载，在设计基准期内，其超越的总时间为规定的较小比率或超越频率为规定频率的荷载值称为可变荷载频遇值。换言之，可变荷载频遇值是指在设计基准期内被超越的总时间仅为设计基准期一小部分的荷载值。

1.2.3 设计使用年限 (表 1-1)

设计使用年限分类 表 1-1

类别	结构的设计使用年限（年）	举 例
1	1～5	临时性建筑
2	25	易于替换的结构构件
3	50	普通房屋和构筑物
4	100 及以上	纪念性建筑和特别重要的建筑结构

1.2.4 结构的功能要求

1. 安全性。即结构在正常施工和正常使用时能承受可能出现的各种作用，在设计规定的偶然事件发生时及发生后，仍能保持必需的整体稳定。

2. 适用性。即结构在正常使用条件下具有良好的工作性能。例如不发生过大的变形或振幅，以免影响使用，也不发生足以令用户不安的裂缝。

3. 耐久性。即结构在正常维护下具有足够的耐久性能。例如混凝土不发生严重的风化、脱落，钢筋不发生严重锈蚀，以免影响结构的使用寿命。

结构的安全性、适用性、耐久性总称为结构的可靠性。

1.2.5 作用、作用效应和抗力

作用是指施加在结构上的集中力或分布力（直接作用，即荷载）以及引起结构外加变形或约束变形的原因（间接作用）。

作用效应是由作用引起的结构或结构构件的反应，如内力、变形和裂缝等。它具有随机性。

抗力是指结构或结构构件承受作用效应的能力。

以上三者都具有随机性。

1.2.6 结构的可靠性和可靠度

可靠性是指结构在规定的时间内，在规定的条件下完成预定功能的能力。

可靠度是指结构在规定的时间内（结构的设计使用年限）、在规定的条件下（正常设计、正常施工、正常使用条件，不考虑人为过失的影响），完成预定功能的概率。它是对结构可靠性的定量描述。

1.2.7 概率极限状态设计法

1. 极限状态

整个结构或结构的一部分超过某一特定状态就不能满足设计规定的某一功能要求，此特定状态为该功能的极限状态。

2. 极限状态的分类

承载能力极限状态：这种极限状态对应于结构或结构构件达到最大承载力或不适于继续承载的变形。

正常使用极限状态：这种极限状态对应于结构或结构构件达到正常使用或耐久性能的某项规定限值。

3. 极限状态设计法

当以整个结构或结构的一部分超过某一特定状态就不能满足设计规定的某一功能要求，则此特定状态称为该功能的极限状态，按此状态进行设计的方法称极限状态设计法。

1.2.8 本课程的学习方法

《建筑结构与识图》是一门专业基础课，课程的实践性很强，要很好的掌握本课程的内容，除了弄清基本概念，掌握基本原理之外，还要注重培养建筑结构施工图的识读能力。

为了掌握所学内容，培养独立工作能力及便于复习，在阅读教材的同时，最好能做简要的笔记。一般不必太详细，以免花去过多时间而影响深入学习。在遇到难点时，最好能联系实际记录。

第2章 钢筋混凝土结构

> **知识要点及学习要求**
> - 掌握钢筋及混凝土的材料及相应的力学性质
> - 了解钢筋与混凝土共同工作的原理
> - 了解钢筋混凝土受压构件和受弯构件的受力特点及计算原理
> - 掌握钢筋混凝土受压构件和受弯构件的构造要求
> - 理解梁板结构的构造、特点及应用
> - 了解多高层建筑结构体系
> - 理解柱、剪力墙、梁、板和楼梯的平面整体表示方法制图规则
> - 掌握柱、剪力墙、梁、板和楼梯平法施工图的识读方法

2.1 钢筋混凝土结构的材料及力学性能

2.1.1 钢筋

1. 钢筋的种类

钢筋是指用于钢筋混凝土和预应力钢筋混凝土结构及构件中的钢材，其横截面多为圆形，有时为带有圆角的方形，其外形分为光圆钢筋和变形钢筋两种（图 2-1）。光圆钢筋实际上就是普通低碳钢，公称直径范围为 6～20mm；变形钢筋是表面带肋的钢筋，通常带有 2 道纵肋和沿长度方向均匀分布的横肋，公称直径范围为 10～50mm，横肋的外形分为螺旋形、人字形、月牙形 3 种。直径为 6～10mm 的钢筋大多数卷成盘条；直径为 12～50mm的一般做成 6～12m 长的直条。

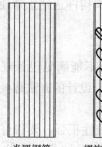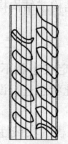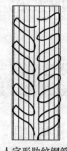

光圆钢筋　　螺旋形肋纹钢筋　　人字形肋纹钢筋　　月牙形肋纹钢筋

图 2-1　钢筋外形类别

钢筋的主要成分为铁，还有少量的碳、锰、硅、钒、钛及一些有害元素，如磷、硫等。钢材的强度随含碳量的增加而增加，但其塑性性能及可焊性随之降低。锰、硅、钒、钛等少量合金元素可使钢材的强度、塑性等综合性能提高。

我国建筑工程中采用的钢筋，按化学成分可分为碳素钢和普通低合金钢两大类。含碳量小于 0.25％的碳素钢称为低碳钢或软钢，含碳量为 0.6％～1.4％的碳素钢称为高碳钢或硬钢。在碳素钢的元素中加入少量的合金元素，就成为普通低合金钢，如 20MnSi、20MnSiV、20MnSiNb、20MnTi 等。

钢筋按生产加工形式分四种：热轧钢筋、冷加工钢筋、热处理钢筋、钢丝（钢绞线）。

（1）热轧钢筋

热轧钢筋是经热轧成形并自然冷却的成品钢筋，由低碳钢和普通合金钢在高温状态下轧制而成，主要用于钢筋混凝土和预应力钢筋混凝土的配筋，是土木工程中使用量最大的钢材品种之一。热轧钢筋应具备一定的强度，即屈服点和抗拉强度，它是结构设计的主要依据。其分为热轧光圆钢筋和热轧带肋钢筋两种。热轧钢筋为软钢，断裂时会产生颈缩现象，伸长率较大，是应用最广泛的种类。

我国常用的热轧钢筋按强度分为四级，其中 HPB300 为光圆钢筋，其他都为变形钢筋。

1）HPB300 级热轧钢筋，用符号表示为Φ，是由普通碳素钢经热轧而成的光面圆钢筋。它是一种低碳钢，质量稳定，塑性好易焊接，易加工成形，以直条或盘圆供货，但强度低。主要用作钢筋混凝土板和小型结构构件以及各种构件的箍筋和构造钢筋。

2）HRB335 级热轧钢筋，用符号表示为Φ，是由低合金钢经热轧而成的钢筋。为加强钢筋与混凝土的粘结力，表面轧制成等高肋（螺纹），现在均为月牙形凸纹。这种钢筋的强度较 HPB300 级高，塑性和可焊性能都较好，易加工成形。它主要用作大中型钢筋混凝土结构构件的受力钢筋，特别适宜用作承受多次重复荷载、地震作用及其他振动和冲击荷载的结构构件的受力钢筋，是我国钢筋混凝土结构构件中钢筋用材的最主要品种之一。

3）HRB400 级热轧钢筋，用符号表示为Φ，是我国对原Ⅲ级钢筋经过改进生产的品种，又称新Ⅲ级钢筋，表面有月牙形凸纹且有"4"的标志，含碳量与 HRB335 级钢筋相当。其微合金含量除与 HRB335 级钢筋相同外，此外还添加钒、铌等元素，因而强度有所提高，并保持良好的塑性和焊接性能，是我国今后钢筋混凝土结构构件受力钢筋的主导品种，主要用作大中型钢筋混凝土结构和高强混凝土结构构件的受力钢筋。

4）HRB500 级热轧钢筋，用符号表示为Φ。HRB500 级钢筋在强度、延性、耐高温、低温性能、抗震性能和疲劳性能等方面均比 HRB400 有很大的提高，主要用于高层、超高层建筑、大跨度桥梁等高标准建筑工程，是国际工程标准积极推荐并已在发达国家广泛使用的产品。HRB500 钢筋的工程应用实践表明，其可节省大量钢材，具有明显的经济效益和社会效益。

（2）冷加工钢筋

冷加工的工艺包括冷拉和冷拔。在常温下，对热轧钢筋进行冷加工，可提高钢筋的屈服点，从而提高钢筋的强度，达到节省钢材的目的。钢筋经过冷加工后，强度提高，塑性降低，在工程上可节省钢材。

（3）热处理钢筋

热处理钢筋是由 40Si2Mn、48Si2Mn 和 45Si2Cr 等通过加热、淬火和回火等调质工艺处理制成的钢筋。热处理钢筋又称调质钢筋。钢筋经过热处理工艺后，强度大幅度提高，但塑性和韧性相应降低。

（4）钢丝和钢绞线

钢丝是由线材经冷拉加工而得的直径小于 8mm（大多数情况下小于 4mm）的钢材产品。钢丝外形有光面、刻痕和螺旋肋三种。钢绞线是由多根钢丝绞合构成的钢铁制品，碳钢表面可以根据需要增加镀锌层、锌铝合金层、包铝层（aluminum clad）、镀铜层、涂环氧树脂等。钢绞线有三股和七股两种。

2. 钢筋的选用

在实际工程应用中，基于混凝土对钢筋性能的要求，钢筋的选用原则为：

（1）钢筋混凝土结构以 HRB400 级热轧带肋钢筋为主导钢筋；实际工程中，普通钢筋宜采用 HRB400 级和 HRB335 级钢筋，也可采用 HPB300 级及 HRB500 级钢筋。

（2）预应力混凝土结构以高强、低松弛钢丝、钢绞线为主导钢筋；预应力钢筋宜采用预应力钢丝、钢绞线，也可采用热处理钢筋。

（3）各种形式的冷加工钢筋应整顿市场、加强管理、保证质量、提高性能。

3. 力学性能

（1）拉伸性能

由低碳钢制成的钢筋（有明显屈服点的钢筋）在拉伸时，可明显分为四个阶段：弹性阶段、屈服阶段、强化阶段、颈缩阶段，如图 2-2 所示。

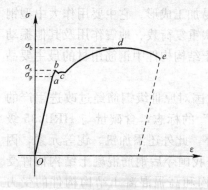

图 2-2　有明显屈服点的钢筋

1）随着拉力的逐渐增大，钢筋成比例的伸长——弹性形变，即应力与应变呈线性关系，称为弹性阶段（oa 段）。

2）当拉力达到某一值时，钢筋的伸长量明显大于拉力增加的比例，产生塑性形变，即钢筋的屈服阶段（ac 段）。在屈服阶段，在外力不变的前提下，变形继续产生，应力与应变呈非线性关系。

3）强化阶段是指钢筋在屈服以后直至到达颈缩前的阶段（cd 段）。在这个阶段的拉伸过程中拉力有所增加，相应的拉应力也就明显增加了。钢筋在屈服后恢复了抵抗变形的能力，在应力应变的曲线上呈上升的曲线，直至最高点，也就是到达了钢筋的强度极限。

4）超过极限强度后，钢筋薄弱处的截面会明显缩小，变形迅速增加，应力随之下降，最终被拉断，这个阶段称为颈缩阶段（de 段）。

（2）钢筋的强度和变形

对于普通钢筋，其强度主要由屈服强度和极限抗拉强度反映。屈服强度又称为屈服点，在钢筋混凝土结构设计中所用的钢筋标准强度就是以钢筋屈服点为取值依据的。屈服强度的标准值计作 f_{yk}。极限抗拉强度是指钢筋抵抗拉力破坏作用的最大能力，极限强度标准值计作 f_{stk}。在设计计算中，需要将强度标准值乘以一定系数转化为设计值（f_y 和 f_y'）（见表 2-1）。

牌号	符号	公称直径 d (mm)	屈服强度标准值 f_{yk}	极限强度标准值 f_{stk}	抗拉强度设计值 f_y	抗压强度设计值 f_y'
HPB300	Φ	6～22	300	420	270	270
HRB335	Φ	6～50	335	455	300	300
HRB400	Φ	6～50	400	540	360	360
HRB500	Φ	6～50	500	630	435	410
钢绞线 三股	ϕ^s	8.6、10.8、12.9	1410	1570	1110	390
			1670	1860	1320	
			1760	1960	1390	
七股		9.5、12.7、15.2、17.8	1540	1720	1220	390
			1670	1860	1320	
			1760	1960	1390	

常用钢筋、钢绞线强度值（N/mm²）　　　　表 2-1

对于无明显屈服点的钢筋（高碳钢），其塑性变形小，延伸率也小，但极限强度高。通常用残余应变为 0.2% 的应力，约 $0.85\sigma_b$ 作为假想屈服点（或称条件屈服点），用 $\sigma_{0.2}$ 表示，$0.85\sigma_b$ 为条件屈服强度，σ_b 为极限抗拉强度值，如图 2-3 所示。

钢筋除了要满足强度要求外，还应具有一定的塑性变形能力。反映钢筋塑性性能的基本指标是伸长率和冷弯性能。伸长率又称延伸率，是指钢筋受拉力作用至断裂时被拉长的那部分长度与原长度的百分比，它是一个衡量钢筋塑性的指标，它反映了钢筋拉断前的变形能力，在拉断前它的数值越大，表示钢筋的塑性越好。冷弯性能就是将钢筋试样在规定直径的弯心上

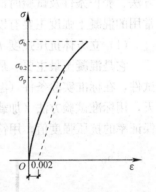

图 2-3　无明显屈服点的钢筋

弯到 90°或 180°，然后检查试样有无裂缝、鳞落、断裂等现象。它是检验钢筋原材料质量和钢筋焊接接头质量的重要项目。因此冷弯性能可间接地反映钢筋的塑性性能和内在质量。

4. 钢筋的连接

钢筋的连接方法有焊接、机械连接和绑扎连接三种。

钢筋的焊接方法有闪光对焊、电弧焊、电渣压力焊、气压焊、埋弧压力焊和电阻点焊等。在施工现场进行焊接，接头质量不容易保证。因为现在熟练的具有合格水平的焊工缺乏；焊接质量受气候影响较大，寒冷地区冬季焊接冷却快易发脆，南方雨水多，在焊接过程中突然下雨冷却也快，易发脆；钢筋的可焊性是保证焊接质量的基本要求，但现在各地钢筋质量并不稳定，有的地方甚至采用伪劣产品。因此，框架梁、柱的纵向钢筋不宜采用焊接接头。

钢筋机械连接方法有套筒挤压连接、锥螺纹套筒连接、直螺纹套筒连接。我国目前采用的机械接头已经有成熟的做法，并有《钢筋机械连接通用技术规程》JGJ 107—2010 可以遵循。接头分为三个等级，其中 I 级的接头抗拉强度不小于被连接钢筋实际抗拉强度或 1.1 倍钢筋抗拉强度标准值，并具有高延性及反复拉压性能。现在推广应用制作方便和成本较低的"滚轧直螺纹接头"。机械接头操作方便，不受气候影响，容易保证接头

质量。

绑扎搭接接头是从采用钢筋混凝土结构以来，传统而可靠的钢筋连接方法，但是当钢筋直径较大时搭接长度较长，用材不经济。

近年来，国内各类高层建筑、大跨度建筑、桥梁、水工、核电等发展迅速，钢筋混凝土结构在建筑工程中的应用日益广泛，钢筋用量与日俱增，HRB400 级及以上的钢筋应用日趋广泛，钢筋直径和密度也越来越大，大规格直径钢筋的连接方式，成为建筑结构设计和施工的关键因素，并直接影响到工程质量、施工速度、经济效益和施工安全性。

2.1.2 混凝土

1. 混凝土的强度

混凝土是由水泥、水、粗骨料和细骨料经过人工搅拌、入模、捣实、养护和硬化后形成的人工石。混凝土的强度指标，是进行钢筋混凝土结构构件强度分析、建立强度理论公式的重要依据。混凝土强度值的大小与采用的水泥强度等级、水灰比、骨料的性质、制作方法、养护条件及试验时试件的大小和形状、试验方法或加载时间长短等有很大的关系。常用的混凝土强度主要有以下三类：

（1）立方体抗压强度 f_{cu}

它是混凝土最主要、最基本的指标。其确定方法是：用边长为 150mm 的立方体标准试件，在标准实验条件（温度为 20℃±3℃、湿度在 90% 以上的标准养护室中）下养护 28 天，用标准试验方法（加载速度为 0.15～0.3MPa/s，两端不涂润滑剂）测得的具有 95% 保证率的抗压强度值，用符号 f_{cu} 表示，如图 2-4 所示。

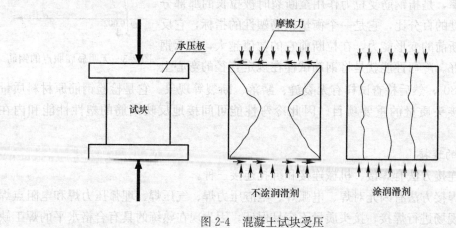

图 2-4　混凝土试块受压

立方体抗压强度是混凝土用于划分强度等级的依据，强度等级符号用 C 表示，按照《混凝土结构设计规范》GB 50010—2010（以下简称《混凝土规范》）规定，普通混凝土划分为 14 个等级，即：C15，C20，C25，C30，C35，C40，C45，C50，C55，C60，C65，C70，C75，C80。例如，强度等级为 C30 的混凝土的立方体抗压强度 $f_{cu,k}$ 满足：30MPa≤ $f_{cu,k}$ <35MPa。

混凝土强度代表值的确定，应符合下列规定：

1）取 3 个试件强度的算术平均值作为每组试件的强度代表值。

2）当一组试件中强度的最大值或最小值与中间值之差低于中间值的 15% 时，取中间值作为该组试件的强度代表值。

3）当一组试件中强度的最大值和最小值与中间值之差均超过中间值的 15% 时，该组试件的强度不应作为评定的依据。

（2）混凝土轴心抗压强度 f_c

由于混凝土结构的实际情况，受压构件往往不是立方体，而是棱柱体，所以采用棱柱体试件（高度大于边长的试件称为棱柱体）比立方体试件能更好地反映混凝土的实际抗压能力。因此在设计计算时，往往采用的是混凝土轴心抗压强度，也称棱柱体抗压强度 f_c。

轴心抗压强度采用棱柱体试件测定，棱柱体试件高宽比 $h/b=2\sim3$，我国通常取用 150mm×150mm×450mm 或 100mm×100mm×300mm 的棱柱体试件。对于同一混凝土，考虑到承压板对试件的约束，棱柱体抗压强度小于立方体抗压强度，通常取 $f_c=0.67f_{cu}$。

（3）混凝土轴心抗拉强度 f_t

混凝土的抗拉强度和变形也是其最重要的基本性能之一。轴心抗拉强度既是研究混凝土的破坏机理和强度理论的主要依据，又直接影响钢筋混凝土结构的开裂、变形和耐久性。抗拉强度试验方法主要有直接拉伸试验、劈裂试验、弯曲抗折试验。由于轴心拉伸试验对中较困难，国内外多采用立方体或圆柱体劈裂试验测定混凝土的抗拉强度。

混凝土是一种脆性材料，抗拉强度低，变形小，破坏突然。混凝土的抗拉强度一般只有抗压强度的 1/20～1/8，且不与抗压强度成比例增大（即 f_{cu} 越大，f_t/f_{cu} 越小）。

混凝土的强度设计值见表 2-2。

混凝土强度设计值（N/mm²）　　　　　　　　　　　　　表 2-2

强度种类	混凝土强度等级													
	C15	C20	C25	C30	C35	C40	C45	C50	C55	C60	C65	C70	C75	C80
f_c	7.2	9.6	11.9	14.3	16.7	19.1	21.1	23.1	25.3	27.5	29.7	31.8	33.8	35.9
f_t	0.91	1.10	1.27	1.43	1.57	1.71	1.80	1.89	1.96	2.04	2.09	2.14	2.18	2.22

2. 混凝土的变形

混凝土的变形分两种，一是荷载作用下的受力变形，如单调短期加载的变形、荷载长期作用下的变形以及多次重复加载的变形。二是与受力无关，称为体积变形，如混凝土收缩以及温度变化引起的变形。

（1）混凝土的受力变形

1）一次短期加荷的变形

混凝土单轴受力时的应力-应变关系反映了混凝土受力全过程的重要力学特征，是分析混凝土构件应力、建立承载力和变形计算理论的必要依据，也是利用计算机进行非线性分析的基础。一次短期加荷的变形常采用棱柱体试件来测定。具体阶段如图 2-5 所示。

2）长期加荷的变形——徐变

混凝土在长期不变荷载作用下，沿作用力方向随时间而产生的塑性变形，称为混凝土的徐变。其产生的原因主要是在长期荷载作用下，水泥石中的胶凝体产生黏性流动，向毛细管内迁移，或者胶凝体中的吸附水或结晶水向内部毛细孔迁移渗透所致。徐变对受力性

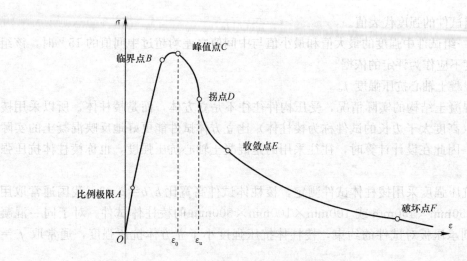

图 2-5　一次短期加荷变形

能影响主要表现在：长期荷载作用下变形增加，柱的偏心距增大，结构内部应力重分布，引起预应力损失等。

影响混凝土徐变的主要因素有：

① 温度影响。尤其对大体积混凝土结构，温度升高加速混凝土徐变，即徐变速率增加；另一方面，温度升高加速了水泥的水化反应速度，从而降低了徐变的发展。

② 应力影响。应力水平越高，应力历时越长，混凝土徐变的发展速率越快。

③ 加载的龄期影响。龄期愈短，徐变量愈大；龄期愈长，徐变愈小。

④ 混凝土的组成影响。水灰比愈大，徐变量愈大。

此外，其他因素对混凝土的徐变也有很大的影响，例如混凝土骨料的弹性模量高，徐变量小；振捣密实的混凝土，徐变量小；水中养护构件，徐变量小等。

3）混凝土在重复荷载作用下的变形——混凝土的疲劳

混凝土的疲劳强度由疲劳试验测定。试验采用 100mm×100mm×300m 或 150mm×150mm×450mm 的棱柱体，把棱柱体试件承受 200 万次或其以上循环荷载而发生破坏的压应力值称为混凝土的疲劳抗压强度。施加荷载时的应力大小是影响应力-应变曲线不同的发展和变化的关键因素，即混凝土的疲劳强度与重复作用时应力变化的幅度有关。在相同的重复次数下，疲劳强度随着疲劳应力比值的增大而增大。

（2）混凝土的体积变形

1）混凝土的收缩

混凝土在空气中硬化，其体积缩小的现象称为混凝土的收缩。引起混凝土收缩的原因为：在硬化初期主要是水泥石在水化凝固结硬过程中产生的体积变化，后期主要是混凝土内自由水分蒸发而引起的干缩。

混凝土的收缩受结构周围的温度、湿度、构件断面形状及尺寸、配合比、骨料性质、水泥性质、混凝土浇筑质量及养护条件等许多因素影响。

2）混凝土的膨胀

混凝土在水中或处于饱和湿度情况下硬结时体积增大的现象为膨胀。混凝土的非受力变形以收缩为主。

2.1.3 钢筋和混凝土共同工作的原理

1. 钢筋和混凝土能共同工作

钢筋混凝土是由物理、力学性质完全不同的钢筋与混凝土两种材料组合而成的，其可充分利用混凝土的抗压性能和钢筋的抗拉性能。混凝土是现代工程中使用最广泛的建筑材料之一，混凝土具有良好的抗压能力、耐火性、耐久性等性能，但其抗拉抗剪能力较弱，限制了它的使用范围，直至19世纪钢筋混凝土的出现才解决了这一问题，钢筋以其良好的受拉性能弥补了素混凝土在受拉能力上的不足，使得混凝土的使用范围得到进一步扩大。

它们之所以能够协同工作，是因为：

（1）硬化后的混凝土与钢筋表面有很强的粘结力。

（2）钢筋与混凝土之间有较近的线膨胀系数，不会因温度变化产生变形不同步，从而使钢筋与混凝土之间产生错动，也不会由环境不同产生过大的应力。

（3）混凝土包裹在钢筋表面，防止锈蚀，起保护作用，此外混凝土中的氢氧化钙提供的碱性环境，在钢筋表面形成了一层钝化保护膜，从而保证了钢筋混凝土构件的耐久性，使钢筋相对于中性与酸性环境下更不易腐蚀。

2. 粘结力的产生

钢筋和混凝土两者之间存在有粘结强度，是保证钢筋混凝土作为一种建筑材料力学性能的根本原因。钢筋和混凝土产生粘结强度的主要原因是：

（1）混凝土收缩将钢筋紧紧握裹而产生的摩擦力；

（2）混凝土颗粒的化学作用产生的混凝土与钢筋之间的胶合力；

（3）钢筋表面凹凸不平与混凝土之间产生的机械咬合力；

（4）钢筋端部加弯钩、弯折或在锚固区焊短钢筋、焊角钢等来提供锚固能力。

例如，直段光面钢筋的粘结力来自化学胶结力和摩擦力；变形钢筋粘结强度的主要来源为机械咬合力。

3. 保证粘结力的构造措施

（1）最小锚固长度和搭接长度

对不同等级的混凝土和钢筋，要保证最小锚固长度和搭接长度。钢筋的基本锚固长度取决于钢筋的强度及混凝土抗拉强度，并与钢筋的外形有关。《混凝土规范》规定纵向受拉钢筋的锚固长度作为钢筋的基本锚固长度，其计算公式为：

$$l_a = \alpha \frac{f_y}{f_t} d \tag{2-1}$$

式中　α——钢筋的拉力外形系数，光面钢筋取0.16，带肋钢筋取0.14；

　　　d——钢筋的公称直径；

　　　f_y——钢筋抗拉强度设计值；

　　　f_t——混凝土轴心抗拉强度设计值。

另外，当符合下列条件时，计算的锚固长度应进行修正：

1）当带肋钢筋的公称直径大于25mm时，其锚固长度应乘以修正系数1.1。

2）环氧树脂涂层带肋钢筋，其锚固长度应乘以修正系数1.25。

3）当钢筋在混凝土施工过程中易受扰动（如滑模施工）时，其锚固长度应乘以修正系数 1.1。

4）锚固区的混凝土保护层厚度大于钢筋直径的 3 倍且配有箍筋时，其锚固长度可乘以修正系数 0.8。

5）除构造需要的锚固长度外，当纵向受力钢筋的实际配筋面积大于其设计计算面积时，如有充分依据和可靠措施，其锚固长度可乘以设计计算面积与实际配筋面积的比值。但对有抗震设防要求及直接承受动力荷载的结构构件，不得采用此项修正。

经上述修正后的锚固长度不应小于计算锚固长度的 0.7 倍，且不应小于 250mm。

《混凝土规范》规定：轴心受拉和小偏心受拉构件的纵向受力钢筋不得采用绑扎搭接接头，当受拉钢筋的直径 $d>25$mm 及受压钢筋的直径 $d>28$mm 时，不宜采用绑扎搭接接头。钢筋绑扎搭接接头连接区段的长度为 1.3 倍搭接长度，位于同一连接区段内的受拉搭接接头面积百分率应满足：对梁、板及墙类构件，不宜大于 25%；对柱类构件，不宜大于 50%。当工程中确有必要增大受拉钢筋搭接接头面积百分率时，对梁类构件，不应大于 50%；对板、墙及柱类构件，可根据实际情况放宽。

（2）混凝土保护层

保护层的作用是为了保证混凝土与钢筋之间有足够的粘结，保护钢筋不致锈蚀，保证结构的耐久性，避免钢筋在火灾等情况下过早软化。保护层厚度指的是结构构件中钢筋（包含箍筋）的外边缘至混凝土外边缘的最小距离。设计使用年限为 50 年的混凝土结构，最外层钢筋的保护层厚度应符合表 2-3 的规定。

混凝土保护层最小厚度（mm）　　　　　　　表 2-3

环境类别	板、墙、壳	梁、柱、杆
一	15	20
二 a	20	25
二 b	25	35
三 a	30	40
三 b	40	50

注：1. 混凝土强度等级不大于 C25 时，表中保护层厚度数值应增加 5mm；
2. 钢筋混凝土基础宜设置混凝土垫层，基础中钢筋的混凝土保护层厚度应从垫层顶面算起，且不应小于 40mm。

2.2　钢筋混凝土受压构件

建筑结构中以承受纵向压力为主的构件称为受压构件。混凝土结构中最常见的受压构件是混凝土柱，另外高层建筑中的剪力墙、屋架的受压弦杆等也属于受压构件。本章主要介绍混凝土柱。

混凝土受压构件按照纵向压力作用位置的不同，分为轴心受压和偏心受压两种类型。当纵向压力 N 的作用线与构件截面形心轴线重合时称为轴心受压；当纵向压力 N 的作用线与构件截面形心轴线不重合（或构件截面上既有轴心压力，又有弯矩、剪力作用）时称为偏心受压。偏心受压又可分为单向偏心受压和双向偏心受压，如图 2-6 所示。

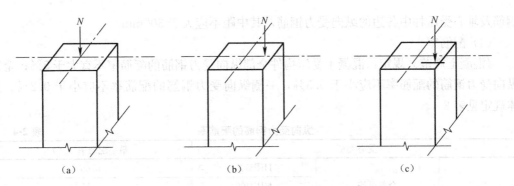

图 2-6 受压构件分类
(a) 轴心受压；(b) 单向偏心受压；(c) 双向偏心受压

2.2.1 受压构件的构造要求

1. 材料要求

混凝土强度等级对受压构件的承载力影响较大，为了充分利用混凝土抗压强度，节约钢材，减少截面尺寸，受压构件宜采用强度等级较高的混凝土。一般柱的混凝土强度等级不应低于 C20，常采用 C30～C40，必要时可采用更高强度等级的混凝土。

受压构件的受力钢筋不宜采用高强度钢筋，因为高强度钢筋与混凝土共同受压时，不能充分发挥其强度。柱中纵向受力钢筋一般采用 HRB335 级、HRB400 级或 HRB500 级钢筋，箍筋一般采用 HPB300 级钢筋。

2. 截面形式及尺寸

受压柱的截面形式一般采用正方形、矩形、圆形等。轴心受压时多采用正方形，偏心受压时多采用矩形，也可根据需要采用圆形、多边形、I 形或其他形状。

柱的截面尺寸不宜过小，以避免其长细比过大而过多降低受压承载力。一般正方形和矩形截面柱的最小尺寸不宜小于 250mm，并要满足 $l_0/b \leq 30$ 及 $l_0/h \leq 25$（l_0 为柱的计算长度，b 为柱的短边尺寸，h 为柱的长边尺寸）。对于 I 形截面，其翼缘厚度不宜小于 120mm，腹板厚度不宜小于 100mm。此外，为了施工方便，当截面尺寸小于或等于 800mm 时，以 50mm 为模数选用；当截面尺寸大于 800mm 时，以 100mm 为模数选用。

3. 纵向钢筋

（1）钢筋直径及配置根数

《混凝土规范》规定：钢筋混凝土受压柱中纵向受力钢筋直径不宜小于 12mm，为便于施工，宜选用较大直径的钢筋，以减小纵向弯曲。矩形截面钢筋根数不得少于 4 根；圆柱中纵向受力钢筋宜沿周边均匀布置，根数不宜少于 8 根，且不应少于 6 根。

（2）钢筋布置

轴心受压构件的纵向钢筋应沿截面周边均匀对称布置；偏心受压构件的受力钢筋按要求应设置在弯矩作用方向的两对边。当偏心受压柱的截面高度 $h \geq 600$mm 时，在柱的侧边上应设置直径 ≥ 10mm 的纵向构造钢筋，并相应设置复合箍筋或拉筋。

（3）钢筋间距

柱中纵向受力钢筋的净间距不应小于 50mm，对水平浇筑的预制柱，纵向钢筋的最小净距可按梁的有关规定取用。在偏心受压柱中，垂直于弯矩作用平面的侧面上的纵向受力钢筋及轴心受压柱中各边的纵向受力钢筋，其中距不应大于 300mm。

（4）配筋率

《混凝土规范》规定：混凝土受压构件全部纵向受力钢筋的配筋率不宜大于 5％；全部纵向受力钢筋的配筋率不应小于 0.5％，一侧纵向受力钢筋的配筋率不应小于 0.2％。具体规定见表 2-4。

纵向受力钢筋的配筋率 表 2-4

受力类型		最小配筋率（％）
受压构件	全部纵筋 HRB335	0.60
	全部纵筋 HRB400	0.55
	全部纵筋 HRB500	0.50
	一侧纵筋 任何级别	0.20

4. 箍筋

受压构件截面的周边箍筋应做成封闭式，以保证钢筋骨架的整体刚度，并保证构件在破坏阶段时箍筋对纵向受力钢筋和混凝土的侧向约束作用。箍筋末端应做成 135°弯钩，弯钩平直段长度不应小于箍筋直径的 10 倍。箍筋也可焊成封闭环式。

箍筋直径不应小于 $d/4$（d 为纵向钢筋的最大直径），且不应小于 6mm。箍筋间距不应大于 400mm 及构件截面的短边尺寸，且不应大于 15d（d 为纵向受力钢筋的最小直径）。

当柱中全部纵向受力钢筋的配筋率大于 3％时，箍筋直径不应小于 8mm，间距不应大于受力钢筋最小直径的 10 倍，且不应大于 200mm。

当柱截面短边尺寸大于 400mm，且各边纵向受力钢筋多于 3 根时，或当柱截面短边尺不大于 400mm，但各边纵向受力钢筋多于 4 根时，应设置复合箍筋。当柱截面有缺角时，不允许采用有内折角的箍筋形式，而应采用分离式箍筋形式。

钢筋混凝土柱中常用的箍筋形式如图 2-7 所示。

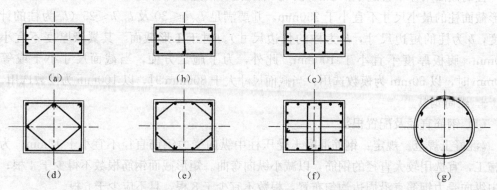

图 2-7 柱箍筋的形式

2.2.2 轴心受压构件正截面承载力计算

轴心受压构件截面多采用正方形，也可根据需要采用矩形、圆形和多边形等多种形状。混凝土轴心受压柱根据箍筋配置方式的不同，分为配置普通箍筋柱和配置螺旋箍筋柱，如图 2-8 所示。

轴心受压构件中纵向钢筋的作用是与混凝土共同承受轴向压力，承受由于荷载的偏心或其他因素引起的附加弯矩在构件中产生的内力。在配置普通箍筋的轴心受压柱中，箍筋的主要作用是固定纵向受力钢筋的位置，并与纵向受力钢筋形成空间骨架，防止纵向受力钢筋在混凝土压碎前屈服，保证纵筋与混凝土共同工作，防止构件发生突然的脆性破坏。螺旋形箍筋对混凝土有较强的横向约束作用，因而能提高构件的承载力和延性。

1. 轴心受压短柱的破坏特征

根据构件长细比（构件计算长度 l_0 与构件截面回转半径 $i=\sqrt{I/A}$ 之比）的不同，轴心受压柱分为短柱（对一般截面 $l_0/i \leqslant 28$，对矩形截面 $l_0/b \leqslant 8$，b 为截面宽度）和长柱。

试验研究证明：配有纵向钢筋和普通箍筋的短柱，在荷载作用下整个截面的应变分布是均匀的。随着荷载的增加应变也迅速增加，最后构件的混凝土达到极限压应变时出现纵向裂缝，箍筋间的纵向钢筋发生压曲外鼓，呈灯笼状，构件因混凝土的压碎而破坏，如图 2-9 所示。轴心受压短柱破坏时一般是纵

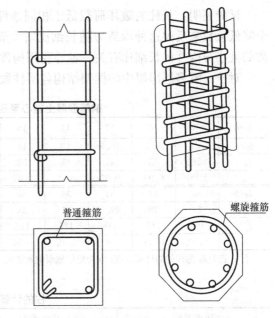

图 2-8 普通箍筋柱和螺旋箍筋柱

向钢筋先达到屈服强度，最后混凝土达到极限压应变，构件破坏。在采用高强度钢筋时，可能在混凝土达到极限压应变 0.002 时，钢筋还没有达到屈服。柱破坏时钢筋的最大压应力 $\sigma_s' = 0.002 \times E_s = 0.002 \times 2 \times 10^5 = 400 \text{N/mm}^2$。对于强度高于 400N/mm^2 的纵向受力钢筋，其抗压强度设计值只能取 $f_y' = 400 \text{N/mm}^2$，钢筋的强度没有被充分利用。因此，在轴心受压柱中采用高强度钢筋是不经济的。

2. 轴心受压长柱的破坏特征及稳定系数 φ

对于钢筋混凝土轴心受压长柱，构件受荷后，由于初始偏心距将产生附加弯矩和侧向挠度，侧向挠度和附加弯矩相互影响，不断增大，长柱最终在轴向力和弯矩共同作用下破坏。破坏时，首先凹边出现纵向裂缝，接着混凝土被压碎，纵向钢筋向外鼓出，挠度急速发展，柱失去平衡而发生破坏，如图 2-10 所示。

图 2-9 轴心受压短柱的破坏形态图

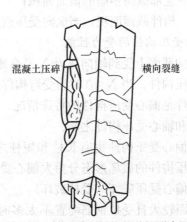

图 2-10 轴心受压长柱的破坏形态图

17

试验证明：长柱的破坏荷载低于相同条件下短柱的破坏荷载。《混凝土规范》采用一个降低系数来反映这种承载力随长细比增大而降低的现象，称之为"稳定系数"。稳定系数的大小与构件的长细比有关。轴心受压构件稳定系数 φ 的数值见表 2-5。

对于一般多层房屋中的框架结构各层柱段，其计算长度 l_0 按表 2-6 的规定取用。

钢筋混凝土轴心受压构件的稳定系数 φ　　　　　　　　表 2-5

l_0/b	≤8	10	12	14	16	18	20	22	24	26	28
l_0/d	≤7	8.5	10.5	12	14	15.5	17	19	21	22.5	24
l_0/i	≤28	35	42	48	55	62	69	76	83	90	97
φ	1.00	0.98	0.95	0.92	0.87	0.81	0.75	0.70	0.65	0.60	0.56
l_0/b	30	32	34	36	38	40	42	44	46	48	50
l_0/d	26	28	29.5	31	33	34.5	36.5	38	40	41.5	43
l_0/i	104	111	118	125	132	139	146	153	160	167	174
φ	0.52	0.48	0.44	0.40	0.36	0.32	0.29	0.26	0.23	0.21	0.19

注：表中 l_0 为构件的计算长度；b 为矩形截面的短边尺寸；d 为圆形截面的直径；i 为截面的最小回转半径。

柱的计算长度 l_0　　　　　　　　表 2-6

楼盖类型	柱的类别	计算长度 l_0
现浇楼盖	底层柱	$1.0H$
	其余各层柱	$1.25H$
装配式楼盖	底层柱	$1.25H$
	其余各层柱	$1.5H$

注：表中 H 对底层柱为基础顶面至一层楼盖顶面的高度，对其他层为柱上下两层楼盖顶面之间的高度。

3. 轴心受压构件正截面承载力计算公式

轴心受压构件的正截面承载力按式（2-2）计算：

$$N \leqslant 0.9\varphi(f_c A + f'_y A'_s) \tag{2-2}$$

式中　N——轴向压力设计值；

　　　φ——钢筋混凝土构件的稳定系数；

　　　f_c——混凝土轴心抗压强度设计值；

　　　f'_y——纵向钢筋抗压强度设计值；

　　　A'_s——全部纵向钢筋的截面面积；

　　　A——构件截面面积，当纵向受压钢筋配筋率 $\rho' > 3\%$ 时，采用 $A_c = A - A'_s$ 计算。

4. 偏心受压构件的受力性能

当构件的截面上受到轴向压力 N 及弯矩 M 共同作用或受到偏心压力作用时，该构件称为偏心受压构件。当 $N=0$ 时为受弯构件，当 $M=0$ 时为轴心受压构件，故受弯构件和轴心受压构件是偏心受压构件的特殊情况。混凝土偏心受压构件的受力性能、破坏形态介于受弯构件和轴心受压构件之间。

混凝土偏心受压构件也有长柱和短柱之分，根据偏心距大小和纵向钢筋配筋率的不同，偏心受压构件的破坏形态分为大偏心受压破坏和小偏心受压破坏。

（1）大偏心受压破坏（受拉破坏）

当偏心距较大且受拉钢筋配置不太多时发生大偏心受压破坏。在偏心压力 N 的作用下离压力较远一侧的截面受拉，离压力较近一侧的截面受压。大偏心受压构件的破坏形态如图 2-11 所示。

大偏心受压构件的破坏形态与适筋梁的破坏形态完全相同：受拉钢筋首先达到屈服，然后是受压钢筋达到屈服，最后由于受压区混凝土压碎而导致构件破坏。构件破坏前有明显预兆，裂缝开展显著，变形急剧增大，其破坏属于塑性破坏。由于这种破坏是从受拉区开始的，故又称为"受拉破坏"。

（2）小偏心受压破坏（受压破坏）

当荷载的偏心距很小或者偏心距较大但受拉钢筋配置过多时，构件将发生小偏心受压破坏。小偏心受压构件破坏时，离纵向压力较近一侧的受压钢筋达到屈服，而另一侧的钢筋无论是受压或受拉，均没有达到屈服。小偏心受压构件的破坏形态如图 2-12 所示。

小偏心受压构件破坏前没有明显预兆，属于脆性破坏。由于这种破坏是从受压区开始的，故又称为"受压破坏"。

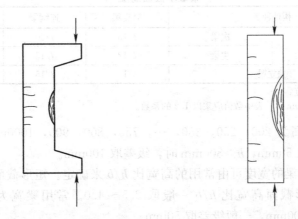

图 2-11　大偏心受压柱的破坏形态图　　图 2-12　小偏心受压柱的破坏形态图

2.3　钢筋混凝土受弯构件

受弯构件是指仅承受弯矩和剪力作用的构件，包括梁和板。受弯构件在弯矩和剪力作用下可能发生正截面破坏和斜截面破坏，因此要进行正截面承载力计算和斜截面承载力计算，同时要进行构件变形和裂缝宽度的验算。

受弯构件除了要进行上述计算和验算外，为了保证构件的各个部位都具有足够的抗力，并使构件具有必要的适用性和耐久性，还需要采取一系列的构造措施。在学习本节时，除了了解受弯构件的设计方法外，要重点掌握受弯构件的构造要求。

2.3.1　钢筋混凝土受弯构件的构造要求

1. 梁的截面形式及尺寸

（1）梁的截面形式

梁最常用的截面形式有矩形和 T 形，此外还可根据需要做成花篮形、十字形、倒 L 形等截面，如图 2-13 所示。在现浇整体式结构中，为了便于施工，常采用矩形或 T 形截面；而在预制装配式楼盖中，为了搁置预制板可采用矩形截面，但有时由于净高度的限制，也可采用花篮形、十字形截面；薄腹梁一般可采用 I 形截面。

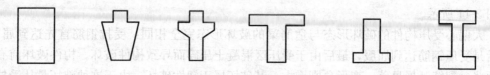

图 2-13　梁的截面形式

（2）梁的截面尺寸

为了方便施工，梁的截面尺寸通常沿梁全长保持不变。在确定截面尺寸时，应满足下述构造要求。

1）对于一般荷载作用下的梁，当梁的高度不小于表 2-7 规定的最小截面高度时，梁的挠度要求一般能得到满足，可不进行挠度验算。

梁最小截面高度　　　　　　　　　　　　表 2-7

项次	构件种类		简支梁	连续梁	悬臂梁
1	整体肋形梁	次梁	$l/15$	$l/20$	$l/8$
		主梁	$l/12$	$l/15$	$l/6$
2	独立梁		$l/12$	$l/15$	$l/16$

注：1. l 为梁的计算跨度；
　　2. 梁的计算跨度≥9m 时，表中数值应乘以 1.2 的系数。

2）通常所用梁高为 200，250，350，…，750，800，900，1000mm 等。截面高度 $h \leqslant 800$mm 时，级差取 50mm，$h > 800$mm 时，级差取 100mm。

3）梁高确定后，梁的宽度可由常用的高宽比 h/b 来确定。矩形截面的高宽比 h/b 一般取 2.0～3.5，T 形截面高宽比 h/b 一般取 2.5～4.0。常用梁宽为 150，200，250，300mm，若宽度 $b > 200$mm，一般级差取 50mm。

（3）梁的支承长度

梁的支承长度应满足纵向受力钢筋在支座处的锚固长度要求，梁伸入砖墙、柱的支承长度应同时满足梁下砌体的局部承压强度。一般当梁高 $h \leqslant 500$mm 时，支承长度 $a \geqslant 180$mm；当 $h > 500$mm 时，$a \geqslant 240$mm。当梁支承在钢筋混凝土梁（柱）上时，其支承长度 $a \geqslant 180$mm。

2. 板的截面形式及尺寸

（1）板的截面形式

现浇板的截面形式通常都是矩形，预制板截面形式有矩形、槽形、倒槽形及多孔空心形等，如图 2-14 所示。

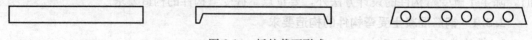

图 2-14　板的截面形式

（2）板的厚度

板的厚度应满足强度、刚度和抗裂等方面的要求。从刚度出发，板的最小厚度应满足表 2-8 的要求。当板的厚度与计算跨度之比满足表 2-9 的规定时，刚度基本满足要求，不需进行挠度验算。

现浇钢筋混凝土板的最小厚度

表 2-8

板的类别		最小厚度（mm）
单向板	屋面板	60
	民用建筑楼板	60
	工业建筑楼板	70
	行车道下的楼板	80
双向板		80
悬臂板（根部）	悬臂长度≤500mm	60
	悬臂长度1200mm	100

不需做挠度计算的最小板厚

表 2-9

项次	构件名称		板的类型		
			简支板	连续板	悬臂板
1	平板	单向	$l/30$	$l/35$	$l/12$
2		双向	$l/40$	$l/45$	
3	肋形板		$l/20$	$l/25$	

注：l 为板的计算跨度。

（3）板的支承长度

板的支承长度应满足板的受力钢筋在支座处的锚固长度要求：

1）现浇板搁置在砖墙上时，其支承长度 a 应满足 $a \geqslant h$（墙厚）且 $a \geqslant 120$mm。

2）预制板的支承长度应满足以下条件：

① 搁置在砖墙上时，其支承长度 $a \geqslant 100$mm；

② 搁置在钢筋混凝土屋架或钢筋混凝土梁上时，$a \geqslant 80$mm。

3．梁、板的配筋

（1）梁的配筋

在钢筋混凝土梁中，通常配置的钢筋有纵向受力钢筋、弯起钢筋、箍筋和架立钢筋等，当梁的截面高度较大时，尚应在梁侧设置构造钢筋，如图 2-15 所示。

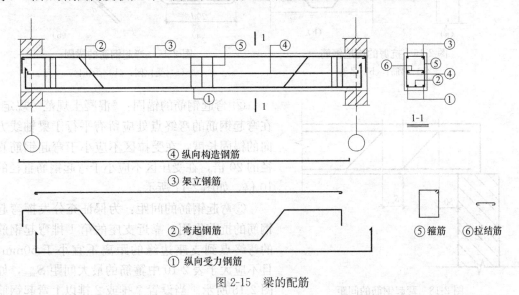

④纵向构造钢筋

③架立钢筋

②弯起钢筋

⑤箍筋　⑥拉结筋

①纵向受力钢筋

图 2-15　梁的配筋

1）纵向受力钢筋

纵向受力钢筋的作用主要是承受弯矩在梁截面内所产生的拉力，一般设置在梁的受拉一侧，双筋截面梁在受压区也可设置纵向受力钢筋，其数量应通过计算来确定。梁的受力钢筋常采用 HPB300、HRB335 及 HRB400 钢筋。

① 纵向受力钢筋的直径：梁中常用的纵向受力钢筋直径为 10～25mm，一般不宜大于 28mm 以免造成梁的裂缝过宽。另外，同一构件中钢筋直径的种类一般不宜超过 3 种，为了施工时易于识别其直径一般钢筋直径相差不宜小于 2mm。

② 纵向受力钢筋的间距：梁上部纵向受力钢筋的净距，不应小于 30mm，也不应小于 $1.5d_{max}$；梁下部纵向受力钢筋的净距，不应小于 25mm，也不应小于 d_{max}。

③ 纵向受力钢筋的根数及层数：梁内纵向受力钢筋的根数一般不应少于 2 根。纵向受力钢筋的层数，与梁的宽度、钢筋根数、直径、间距及混凝土保护层的厚度等有关，通常要求将钢筋沿梁宽均匀布置，并尽可能排成一排，提高梁的抗弯能力。只有当钢筋的根数较多，排成一排不能满足钢筋净距、混凝土保护层厚度时，可考虑将钢筋排成 2 排。

2）弯起钢筋

弯起钢筋是由纵向受力钢筋弯起而成的，其作用是在跨中承受正弯矩产生的拉力，在靠近支座的弯起段承受弯矩和剪力共同产生的主拉应力。弯起钢筋的构造要求如下：

①弯起钢筋的设置、直径及根数的要求：弯起钢筋的直径大小同纵向受力钢筋，而根数由斜截面计算确定。位于梁底层钢筋中的角部钢筋不应弯起，梁中弯起钢筋的弯起角度一般宜取 45°，当梁截面高度大于 800mm 时，宜采用 60°，当纵向钢筋不能弯起时，可单独采用有抗剪作用的弯筋（鸭筋或吊筋，如图 2-16 所示）承担弯矩和剪力共同产生的主拉应力。弯起钢筋不得采用浮筋。

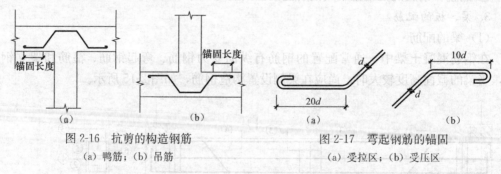

图 2-16 抗剪的构造钢筋 　　　　　　图 2-17 弯起钢筋的锚固
　　（a）鸭筋；（b）吊筋 　　　　　　　　　（a）受拉区；（b）受压区

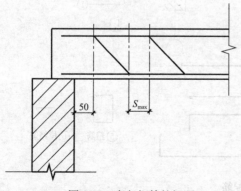

图 2-18 弯起钢筋的间距

② 弯起钢筋的锚固：《混凝土规范》规定：在弯起钢筋的弯终点处应留有平行于梁轴线方向的锚固长度，在受拉区不应小于弯起钢筋直径的 20 倍，在受压区不应小于弯起钢筋直径的 10 倍，如图 2-17 所示。

③弯起钢筋的间距：为保证充分发挥弯起钢筋的抗剪作用，靠近支座的第 1 排弯起钢筋的弯终点到支座边缘的距离不宜小于 50mm，且不应大于表 2-10 中箍筋的最大间距 S_{max}，如图 2-18 所示。当设置 2 排或 2 排以上弯起钢筋

时，第 1 排（从支座算起）弯起钢筋弯起点到第 2 排弯起钢筋的弯终点之间的距离，不应大于表 2-10 中箍筋的最大间距 S_{max}。

梁中箍筋的最大间距 S_{max}（mm）　　　　　　　　　　　　　　表 2-10

梁高 h	$V>0.7f_tbh_0$	$V\leqslant0.7f_tbh_0$
$150<h\leqslant300$	150	200
$300<h\leqslant500$	200	300
$500<h\leqslant800$	250	350
$h>800$	300	400

3）箍筋

箍筋的主要作用是承受剪力，还兼有固定纵向受力钢筋位置并和其一起形成钢筋骨架的作用。在钢筋混凝土梁中，优先采用箍筋作为承受剪力的钢筋。

① 箍筋的形式和肢数：箍筋的形式通常有封闭式和开口式两种。在一般的梁中通常都采用封闭式箍筋，尤其有抗震要求时，更应采用封闭式箍筋。箍筋的肢数最常用的是双肢，除此还有单肢、四肢等。

② 箍筋的直径：箍筋一般采用 HPB300 级钢筋，为了使钢筋骨架具有一定的刚性，箍筋的直径不宜太小，其最小直径与梁高 h 有关。当梁高 $h\leqslant800$mm 时，箍筋直径不小于 6mm；当梁高 $h>800$mm 时，箍筋直径不小于 8mm。当梁中配有计算需要的纵向受压钢筋时，箍筋直径还不应小于纵向受压钢筋最大直径的 1/4。

③ 箍筋的间距。箍筋的间距对斜裂缝的展开宽度有显著影响。如果箍筋间距过大，则斜裂缝可能不与箍筋相交，或者相交在箍筋不能充分发挥作用的位置。《混凝土规范》规定梁中箍筋的最大间距应符合表 2-10 的要求。

④ 箍筋的布置。对于按计算不需要箍筋抗剪的梁，当截面高度大于 300mm 时，应沿梁的全长设置箍筋；对截面高度为 150～300mm 的梁，可仅在构件端部 1/4 跨度范围内设置箍筋，但当在构件中部 1/2 跨度范围内有集中荷载作用时，则应沿梁全长设置箍筋；当截面高度小于 150mm 时，可不设箍筋。

4）架立钢筋

单筋截面梁在受压区应设架立钢筋。架立钢筋一般至少为 2 根，布置在梁箍筋转角处的角部。架立钢筋的作用是固定箍筋的正确位置，与纵向受力钢筋构成钢筋骨架，并承受因温度变化、混凝土收缩而产生的拉力。

① 架立钢筋的直径。当梁的跨度小于 4m 时，直径不宜小于 8mm；当梁的跨度等于 4～6m 时，直径不宜小于 10mm；当梁的跨度大于 6m 时，直径不宜小于 12mm。

② 架立钢筋与受力钢筋的搭接长度，应符合下列规定：当架立钢筋直径小于 10mm时，架立钢筋与受力钢筋的搭接长度应大于等于 100mm；当架立钢筋直径大于等于 10mm时，架立钢筋与受力钢筋的搭接长度应大于等于 150mm。

5）梁侧纵向构造钢筋

梁侧纵向构造钢筋又称为腰筋。当梁的腹板高度 $h_w\geqslant450$mm 时，在梁的两个侧面应沿梁的高度方向配置纵向构造钢筋，每侧纵向构造钢筋的截面面积不应小于腹板截面面积的 0.1%，间距不宜大于 200mm。梁两侧的纵向构造钢筋宜用拉筋联系，拉筋的直径与箍筋直径相同，间距通常取箍筋间距的 2 倍。梁侧纵向构造钢筋应伸至梁端，并满足受拉钢筋的锚固要求。

（2）板的配筋

板中一般配置有受力钢筋和分布钢筋。当板端嵌固于墙内时，板端将产生负弯矩，因此尚需设置板面构造负筋，如图 2-19 所示。

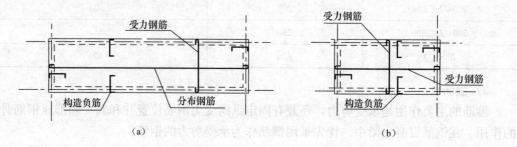

图 2-19　板的配筋

（a）单向板；（b）双向板

1）受力钢筋

板中受力钢筋通常采用 HPB300 级或 HRB335 级钢筋，常用的直径为 6、8、10、12mm。在同一构件中，当采用不同直径的钢筋时，其种类不宜多于两种，以免施工不便。板内受力钢筋间距（受力钢筋中至中的距离）：当板厚小于等于 150mm 时，不宜大于200mm；当板厚大于 150mm 时，不宜大于板厚的 1.5 倍，且不宜大于 250mm。为了便于钢筋绑扎和浇筑混凝土，确保混凝土施工质量，钢筋间距不宜小于 70mm。

2）分布钢筋

仅在某跨方向受力的板中，垂直于板的受力钢筋方向，在受力钢筋内侧布置的构造钢筋称为分布钢筋，分布钢筋的作用是将板面上承受的荷载更均匀地传给受力钢筋，并用来抵抗沿分布钢筋方向产生的温度、收缩应力，同时在施工时可固定受力钢筋的位置。

分布钢筋可按构造配置。《混凝土规范》规定：分布钢筋的截面面积不宜小于受力钢筋截面面的 15%，且不宜小于该方向板截面面积的 0.15%；其直径不宜小于 6mm；间距不宜大于 250mm。

4. 梁、板的截面有效高度

从受压区混凝土边缘至纵向受拉钢筋合力点的距离称为截面有效高度，以 h_0 表示。截面有效高度 h_0 可统一写为：

$$h_0 = h - a_s \tag{2-3}$$

式中　a_s——纵向受拉钢筋合力点至截面边缘的距离，见表 2-11。

a_s 取 值　　　　　　　　　　　　表 2-11

构件	钢筋布置	混凝土等级	
		≤C25	≥C30
梁	一排钢筋	45	40
	两排钢筋	60	55
板		25	20

2.3.2 受弯构件正截面承载力计算简介

1. 受弯构件正截面破坏形式

根据试验研究，受弯构件正截面的破坏形式主要与受弯构件的配筋率 ρ 的大小有关。配筋率 ρ 是指纵向受拉钢筋的截面面积 A_s 与受弯构件的有效截面面积 bh_0 比值的百分率。

$$\rho = \frac{A_s}{bh_0} \times 100\% \tag{2-4}$$

式中　A_s——纵向受拉钢筋的截面面积，mm^2；

　　　　b——截面的宽度，mm；

　　　　h_0——截面的有效高度，mm。

由于配筋率 ρ 的不同，钢筋混凝土受弯构件将产生不同的破坏情况，一般可划分为适筋梁破坏、超筋梁破坏、少筋梁破坏 3 种破坏形式，如图 2-20 所示。

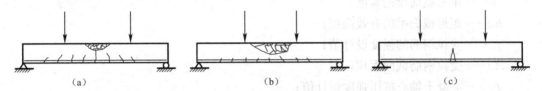

图 2-20　梁正截面的破坏形式
(a) 适筋破坏；(b) 超筋破坏；(c) 少筋破坏

(1) 适筋梁破坏形式

适筋梁是指纵向受拉钢筋的配筋量适当的梁。其破坏特征是：受拉钢筋首先达到屈服强度，继而进入塑性阶段，产生很大的塑性变形，梁的挠度、裂缝也都随之增大，最后因受压区的混凝土达到其极限压应变被压碎而破坏，如图 2-20 (a) 所示。适筋梁在破坏前有明显的预兆，同时钢筋和混凝土的材料强度都能充分发挥，故梁在工程中应设计成适筋梁。

(2) 超筋梁破坏形式

超筋梁是指纵向受拉钢筋的配筋量过多的梁。其破坏特征是：当纵向受拉钢筋还未达到屈服强度时，梁就因受压区混凝土被压碎而破坏，破坏前没有明显的征兆。因为这种梁是在没有明显预兆的情况下由于受压区混凝土突然压碎而破坏的，又称为脆性破坏，且受拉钢筋强度未充分发挥，因此工程中不允许设计成超筋梁。

(3) 少筋梁破坏形式

少筋梁是指纵向受拉钢筋的配筋量过少的梁。其破坏特征是：裂缝往往集中出现一条，裂缝发展迅速，很快贯穿整个梁高而使梁断裂破坏。破坏时没有明显的预兆，一裂即断，属于脆性破坏性质，且混凝土强度未充分发挥，故在工程中不允许采用少筋梁。

2. 单筋矩形截面梁基本计算公式

仅在截面的受拉区配置纵向受力钢筋的受弯构件称为单筋截面受弯构件。

(1) 基本假定

钢筋混凝土受弯构件正截面承载力计算是以适筋构件为依据的，采用以下基本假定：

1) 平截面假定。即构件正截面在受荷载弯曲变形后仍保持平面，即截面中的应力按线性规律分布。

2）不考虑受拉区混凝土参与工作，拉力完全由纵向钢筋承担。

3）采用理想化的应力-应变关系。

（2）计算公式

根据换算后的等效矩形应力图形和静力平衡条件，可建立单筋矩形受弯构件正截面受弯承载力的基本计算公式为：

$$\Sigma X = 0 \qquad \alpha_1 f_c bx = f_y A_s \qquad (2-5)$$

$$\Sigma M = 0 \qquad M_u = \alpha_1 f_c bx \left(h_0 - \frac{x}{2} \right) \qquad (2-6)$$

或

$$M_u = f_y A_s \left(h_0 - \frac{x}{2} \right) \qquad (2-7)$$

式中　x——等效矩形应力图形的混凝土受压区高度；

　　　b——矩形截面梁的宽度；

　　　h_0——矩形截面梁的有效高度；

　　　f_y——受拉钢筋的强度设计值；

　　　A_s——受拉钢筋截面面积；

　　　f_c——混凝土轴心抗压强度设计值；

　　　α_1——系数，当混凝土强度等级不超过 C50 时，$\alpha_1 = 1.0$；为 C80 时，$\alpha_1 = 0.94$；其间按线性插入确定。

（3）基本计算公式的适用条件

1）$\xi \leqslant \xi_b$

或者　$x_b \leqslant x_b = \xi_b h_0$

或者　$\rho \leqslant \rho_{max}$

2）$\rho \geqslant \rho_{min}$

或者　$A_s \geqslant \rho_{min} bh$

其中：1）是保证受弯构件不出现超筋破坏的条件；2）是保证受弯构件不出现少筋破坏的条件。

计算得到的受拉钢筋截面面积可按表 2-12 和表 2-13 选配钢筋。

各种钢筋按一定间距排列时每米板宽内的钢筋截面面积表　　　　表 2-12

钢筋间距（mm）	当钢筋直径（mm）为下列数值时的钢筋截面面积（mm²）												
	6	6/8	8	8/10	10	12	14	16	18	20	22	25	28
70	404	550	718	908	1121	1615	2198	2871	3633	4486	5428	7009	8792
75	377	513	670	848	1047	1507	2051	2679	3391	4187	5066	6542	8206
80	353	481	628	795	981	1413	1923	2512	3179	3925	4749	6133	7693
90	314	427	558	707	872	1256	1710	2233	2826	3489	4222	5451	6838
100	283	385	502	636	785	1130	1539	2010	2543	3140	3799	4906	6154
110	257	350	457	578	714	1028	1399	1827	2312	2855	3454	4460	5595
120	236	321	419	530	654	942	1282	1675	2120	2617	3166	4089	5129
125	226	308	402	509	628	904	1231	1608	2035	2512	3040	3925	4924
130	217	296	386	489	604	870	1184	1546	1956	2415	2923	3774	4734

钢筋间距（mm）	当钢筋直径（mm）为下列数值时的钢筋截面面积（mm²）												
---	6	6/8	8	8/10	10	12	14	16	18	20	22	25	28
140	202	275	359	454	561	807	1099	1435	1817	2243	2714	3504	4396
150	188	256	335	424	523	754	1026	1340	1696	2093	2533	3271	4103
160	177	240	314	397	491	707	962	1256	1590	1963	2375	3066	3847
170	166	226	296	374	462	665	905	1182	1496	1847	2235	2886	3620
175	161	220	287	363	449	646	879	1148	1453	1794	2171	2804	3517
180	157	214	279	353	436	628	855	1116	1413	1744	2111	2726	3419
190	149	202	264	335	413	595	810	1058	1339	1653	2000	2582	3239
200	141	192	251	318	393	565	769	1005	1272	1570	1900	2453	3077
250	113	154	201	254	314	452	615	804	1017	1256	1520	1963	2462
300	94	128	167	212	262	377	513	670	848	1047	1266	1635	2051

钢筋的计算截面面积及理论质量　　　　　　　　　　表 2-13

公称直径 d（mm）	不同根数钢筋的公称截面面积（mm²）											单根钢筋理论重量（kg/m）
---	1	2	3	4	5	6	7	8	9	10	11	
6	28.3	57	85	113	141	170	198	226	254	283	311	0.222
8	50.3	100	151	201	251	301	352	402	452	502	553	0.395
10	78.5	157	236	314	393	471	550	628	707	785	864	0.617
12	113.1	226	339	452	565	678	791	904	1017	1130	1243	0.888
14	153.9	308	462	615	769	923	1077	1231	1385	1539	1692	1.209
16	201.1	402	603	804	1005	1206	1407	1608	1809	2010	2211	1.580
18	254.5	509	763	1017	1272	1526	1780	2035	2289	2543	2798	1.999
20	314.2	628	942	1256	1570	1884	2198	2512	2826	3140	3454	2.468
22	380.1	760	1140	1520	1900	2280	2660	3040	3419	3799	4179	2.986
25	490.9	981	1472	1963	2453	2944	3434	3925	4416	4906	5397	3.856
28	615.8	1231	1846	2462	3077	3693	4308	4924	5539	6154	6770	4.837
32	804.2	1608	2412	3215	4019	4823	5627	6431	7235	8038	8842	6.318
36	1017.9	2035	3052	4069	5087	6104	7122	8139	9156			7.996

2.3.3　受弯构件斜截面承载力的概念

受弯构件除承受弯矩外，还同时受剪力作用。因此，受弯构件除了要计算正截面承载力外，还需要计算斜截面承载力。为防止梁发生斜截面破坏，除了梁的截面尺寸应满足一定要求外，还需在梁中配置箍筋和弯起钢筋。箍筋和弯起钢筋统称为腹筋。

1. 受弯构件斜截面破坏因素

（1）剪跨比

在承受集中荷载作用的受弯构件中，距支座最近的集中荷载至支座的距离 a 称为剪跨，剪跨 a 与梁的有效截面高度 h_0 之比称为剪跨比，用 λ 表示。

$$\lambda = \frac{a}{h_0}$$

（2-8）

（2）配箍率 ρ_{sv}

箍筋截面面积与对应的混凝土面积的比值，称为配箍率，用 ρ_{sv} 表示。

$$\rho_{sv} = \frac{A_{sv}}{bs} \times 100\% = \frac{nA_{sv1}}{bs} \times 100\% \tag{2-9}$$

式中　A_{sv}——配置在同一截面内的各肢箍筋面积的总和；

n——同一截面内箍筋的肢数；

A_{sv1}——单肢箍筋的截面面积；

b——截面宽度，对 T 形截面，则是梁腹宽度；

s——沿受弯构件长度方向的箍筋间距。

2. 斜截面的破坏形式

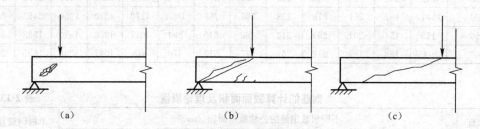

图 2-21　梁斜截面的破坏形式

(a) 斜压破坏；(b) 剪压破坏；(c) 斜拉破坏

（1）斜压破坏

当梁的箍筋配置过多，即配箍率 ρ_{sv} 较大，或梁的剪跨比 λ 较小（$\lambda < 1$）时，随着荷载的增加，在梁腹部首先出现若干条平行的斜裂缝，将梁腹部分割成若干个斜向短柱，最后这些斜向短柱由于混凝土达到其抗压强度而破坏，如图 2-21（a）所示。破坏时箍筋的应力往往达不到屈服强度，箍筋的强度不能被充分发挥，破坏属于脆性破坏，故在设计中应避免。

（2）剪压破坏

剪压破坏通常发生在梁的剪跨比 λ 为 1～3，且梁所配置的腹筋（主要是箍筋）适中的情况下。随着荷载的增加，截面出现多条斜裂缝，当荷载增加到一定值时，其中出现一条延伸长度较大，开展宽度较宽的斜裂缝，称为"临界斜裂缝"。此时，与临界斜裂缝相交的箍筋首先达到屈服强度，最后由于斜裂缝顶端剪压区的混凝土在压应力、剪应力共同作用下达到极限强度而破坏，梁也就失去承载力，如图 2-21（b）所示。梁发生剪压破坏时，混凝土和箍筋强度均能得到充分发挥，破坏时的脆性性质不如斜压破坏时明显。剪压破坏的性质类似于正截面的适筋破坏。斜截面承载力的计算主要是以剪压破坏为计算模型。

（3）斜拉破坏

当梁的箍筋配置过少，即配箍率 ρ_{sv} 较小，或梁的剪跨比 λ 过大（$\lambda > 3$）时，一旦梁腹部出现斜裂缝，很快就形成临界斜裂缝，与其相交的箍筋随即屈服，箍筋对斜裂缝开展的限制已不起作用，导致斜裂缝迅速向梁上方受压区延伸，梁将沿斜裂缝裂分成两部分而破坏，如图 2-21（c）所示。斜拉破坏的构件承载力很低，并且一开裂就破坏，破坏属于脆性破坏，故在工程中不允许采用。

2.4　钢筋混凝土梁板结构

2.4.1　概述

前面主要讲述了钢筋混凝土各种基本构件的计算与构造，本节将介绍由梁板等若干构件组成的整体结构的设计与构造。

结构设计的主要步骤：

① 结构方案选择。选择结构方案主要是根据结构的概念设计，选择合理的结构材料、合理的竖向与水平承重结构体系及布置，以及结构的施工方法。

② 结构分析与设计。结构分析与设计是在合理确定结构计算简图的基础上，计算结构内力及变形，并使结构满足承载力（构件截面的配筋计算）、刚度及裂缝控制等要求。

③ 结构构造设计。在结构分析和设计中，某些难以考虑或不能通过计算解决的问题，需要由构造设计加以解决，构造设计与结构分析和设计具有同等重要的意义。

④ 结构施工图绘制。施工图主要包括结构布置图、结构构件模板图、配筋图及结构节点图等。

1. 钢筋混凝土梁板结构基本概念

钢筋混凝土梁板结构主要是由板、梁组成的水平结构体系，其竖向支承结构体系可为柱或墙体。钢筋混凝土梁板结构是工业与民用房屋楼盖、屋盖、楼梯及雨篷等广泛采用的结构形式，此外，它还应用于基础结构、桥梁结构及水工结构等。因此了解钢筋混凝土梁板结构的设计原理及构造要求具有普遍意义。

2. 钢筋混凝土梁板结构的分类

钢筋混凝土梁板结构按施工方法可分为现浇整体式、装配式及装配整体式结构三种。

(1) 现浇整体式结构

现浇整体式结构是采用现场浇筑混凝土的方法而形成的结构，构件之间是整体、连续的，是最基本的结构形式之一。它大量应用于工业与民用建筑，尤其是高层房屋结构的楼、屋盖结构中，其最大优点是整体性好，使用机械少，施工技术简单。其缺点是模板用量较大，施工周期较长，施工时受冬期和雨期的影响。

现浇整体式梁板楼盖按其组成情况主要分为肋梁楼盖、井式楼盖和无梁楼盖三种，常见的是肋梁楼盖。

现浇整体式梁板结构按其四边支承情况及板的荷载传递方式可分为单向板和双向板，如图 2-22 所示。当板的长跨与短跨之比大于等于 3 时，板面荷载主要由短向板带承受，长向板带分配的荷载很小，可忽略不计，板面荷载主要使短跨方向受弯，而长跨方向的弯矩很小不予考虑，这种仅由短向板带承受板面荷载的四边支承板称为单向板。当板的长跨与短跨之比小于等于 2 时，板面荷载虽仍然主要由短向板带承受，但长向板带所分配的荷载却不能忽略不计，板面荷载使板在两个方向均受弯，且弯曲程度相差不大，这种由两个方向板带共同承受板面荷载的四边支承板称为双向板。当板的长跨与短跨之比大于 2，但小于 3 时宜按双向板考虑，当按单向板考虑时，应沿长边方向配置足够的构造钢筋。

由单向板及其支承梁组成的梁板楼盖结构称为单向板肋梁楼盖，如图 2-23 (a) 所示。由双向板及其支承梁组成的梁板楼盖结构称为双向板肋梁楼盖，如图 2-23 (b) 所示。不

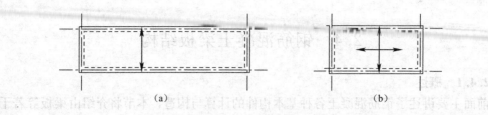

图 2-22　板的荷载传递

(a) 单向板；(b) 双向板

设肋梁，将板支承在柱上的楼盖称为无梁楼盖。单向板肋梁楼盖具有构造简单、计算简便、施工方便、较为经济的优点，故被广泛采用。而双向板肋梁楼盖虽无上述优点，但因梁格可做成正方形或接近正方形，两个方向的肋梁高度设置相同时（也称为双重井式楼盖），较为美观，故在公共建筑的门厅及楼盖中经常应用。无梁楼盖具有顶面平坦、净空较大等优点，但具有楼板厚、不经济等缺点，仅适用于层高受到限制且柱距较小的仓库等建筑。

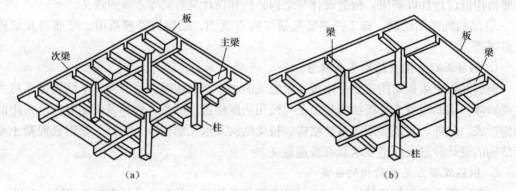

图 2-23　肋形楼盖

(a) 单向板肋梁楼盖；(b) 双向板肋梁楼盖

（2）装配式结构

装配式结构一般采用预制梁、预制板等构件，采用现场拼接方式而形成，其构件绝大部分是简支梁、板，也是钢筋混凝土结构最基本的结构形式之一。它大量应用于一般工业与民用建筑的楼、屋盖结构中，其优点是构件工厂预制，模板定型化，混凝土质量容易保证，且受季节性影响较小，预制构件现场安装，施工进度快。其缺点是结构整体性差，预制构件运输及吊装时需要较大的设备。

（3）装配整体式结构

装配整体式结构，是在各预制构件吊装就位后，采取在板面做配筋现浇层形成的复合式楼盖，梁做二次浇筑形成叠合梁等措施使梁板连成为整体，多应用于多层及高层房屋的楼盖结构中。装配整体式结构集整体式和装配式结构的优点，其整体性较装配式结构好，又较整体式结构模板量少，但由于二次浇筑混凝土，对施工进度和工程造价带来不利。

2.4.2　现浇肋形楼盖

1. 单向板肋形楼盖

（1）结构平面布置

结构平面布置的原则是：适用、经济、整齐。例如：在礼堂、教室内不宜设柱，以免遮挡视线；而在商场、仓库内则可设柱，以减小梁的跨度，达到经济的目的。

单向板肋梁楼盖由单向板、次梁和主梁组成，如图 2-24 所示。

次梁的间距即为板的跨度，主梁的间距即为次梁的跨度，柱或墙在主梁方向的间距为主梁的跨度。构件的跨度太大或太小均不经济，单向板肋梁楼盖各种构件的经济跨度为：板 1.7～2.7m，次梁 4～6m，主梁 5～8m。

主梁的布置方向有沿房屋横向布置和沿房屋纵向布置两种，工程中常将主梁沿房屋横向布置，这样房屋的横向刚度容易得到保证。有时为满足某些特殊需要（如楼盖下吊有纵向设备管道）也可将主梁沿房屋纵向布置，以减小层高。构件计算的顺序：板—次梁—主梁。计算内容包括选择计算方法、确定计算简图、计算内力和配筋。

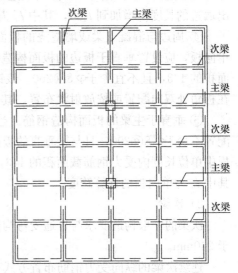

图 2-24　主梁和次梁

（2）截面配筋和构造要求

1）单向板

由于单向板主要考虑荷载沿板的短边方向传递，故短跨方向的板底受力钢筋和支座配筋（边支座除外）由计算确定，长跨方向的板底（即分布钢筋）和支座配筋按构造配置。

① 受力筋的配筋。单向板内受力钢筋有弯起式和分离式两种配置方式。

分离式配筋是将承担跨中正弯矩的钢筋全部伸入支座，而支座上承担负弯矩的钢筋另外设置，各自独立配置。分离式配筋较弯起式配筋施工简便，适用于不受振动和较薄的板中，在工程中常用。

弯起式配筋是将承受跨中正弯矩的一部分跨中钢筋在支座附近弯起，并伸过支座后作负弯矩钢筋使用。弯起钢筋的弯起角度一般为 30°，当板厚 $h>120mm$ 时可为 45°。采用弯起式配筋时，板的整体性好，且节约钢筋，但施工复杂，仅在楼面有较大振动荷载时采用。

为便于施工架立，板中支座处的负弯矩钢筋，其直径一般不小于 8mm，且端部应做成 90°弯钩，以便施工时撑在模板上。负弯矩钢筋可在距支座边缘不小于 a 的距离处截断，a 的取值如下：

$$当\frac{q}{g}\leqslant 3 时, a=\frac{1}{4}l_0; 当\frac{q}{g}>3 时, a=\frac{1}{3}l_0$$

其中 g、q 分别为均布恒荷载和活荷载；l_0 为单向板的计算跨度。

② 分布钢筋。在板中平行于单向板的长跨方向，设置垂直于受力钢筋，位于受力钢筋内侧的钢筋称为分布钢筋。分布钢筋应配置在受力钢筋的所有转折处，并沿受力钢筋直线段均匀布置，但在梁的范围内不必布置。分布钢筋按构造配置，其截面面积不应小于受力钢筋截面面积的 15%，且直径不小于 6mm，间距不大于 250mm。

③ 嵌入承重砌体墙内的板面构造钢筋。嵌固在承重墙内的板端，在计算时通常按简支计算，但实际上，距墙一定范围内的板受到墙的约束而存在负弯矩，因而在平行于墙面方向会产生裂缝，在板角部分产生斜向裂缝。为防止上述裂缝的出现，应在板端上部设置

与板边垂直的板面构造钢筋。其配筋要求为，钢筋数量不宜少于单向板受力钢筋截面积的 $1/3$，且不宜少于 $\Phi 8@200$，伸出墙边的长度为 $l_0/7$，对两边嵌固在墙内的板角部分，伸出墙边的长度应增加到 $l_0/4$，其中 l_0 为单向板的计算跨度。

④ 周边与混凝土梁或墙整浇的板面构造钢筋。现浇楼盖周边与混凝土梁或墙整浇的单向板，应设置垂直于板边的板面构造钢筋。其截面面积不宜少于单向板跨中受力钢筋截面积的 $1/3$，且不宜少于 $\Phi 8@200$。该钢筋自梁边或墙边伸入板内的长度，不宜小于 $l_0/4$，在板角处双向配置或按放射状布置，其中 l_0 为单向板的计算跨度。

⑤ 垂直于主梁的板面构造钢筋。当现浇板的受力钢筋与梁平行时，应沿梁长度方向配置不少于 $\Phi 8@200$，且与梁垂直的板面构造钢筋，其单位长度内的总截面面积不宜小于板中单位长度内受力钢筋截面积的 $1/3$，其伸入板内的长度从梁边算起每边不宜小于 $l_0/4$，其中 l_0 为单向板的计算跨度。

2）次梁

次梁的一般构造要求与普通受弯构件构造要求相同，次梁伸入墙内的支承长度不应小于 240mm。

连续次梁的纵向受力钢筋布置方式有分离式和弯起式两种，工程中一般采用分离式配筋，可仅设置箍筋抗剪，而不设弯起钢筋。沿梁长纵向受力钢筋截断点的位置，原则上应按正截面受弯承载力确定。

3）主梁的构造要求

一般梁的构造要求已在前文介绍过，现根据主梁特点补充如下：

① 主梁伸入墙内的支承长度不应小于 370mm。

② 主梁受力钢筋的弯起和截断，应根据正截面受弯承载力确定，并通过构件的抵抗弯矩图来确定。当绘制抵抗弯矩图有困难时，也可参照次梁纵筋布置方式，但纵筋须伸出支座后逐渐截断。

③ 主梁次梁相交处，应设置附加横向钢筋，以承担由次梁传至主梁的集中荷载，防止发生局部开裂破坏。附加横向钢筋有箍筋和吊筋两种形式，如图 2-25 所示，宜优先采用附加箍筋。

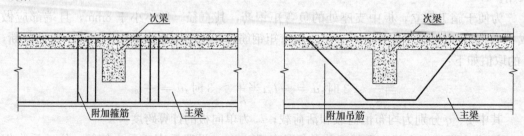

图 2-25 附加箍筋和附加吊筋

2. 双向板肋形楼盖

（1）结构平面布置

现浇双向板肋梁楼盖中，双向板支承梁可分为主、次梁，也可为双向梁系。如果两个方向梁为双向梁系，并且梁截面尺寸相同，则该结构称为井式楼盖。井式楼盖结构平面一般为正方形或接近正方形的矩形平面，梁跨度可达 $10\sim30$m，梁跨度较大时也可采用预应力混凝土结构。

整体式双向板梁板结构中，一般梁、板均为双向受力状态，其结构具有良好的刚度和工作性能，可跨越较大的空间，因此整体式双向板肋梁楼盖通常用于民用和工业建筑中柱网较大的大厅、商场和车间的楼盖和屋盖等。

（2）双向板的受力特点

试验研究表明，在承受均布荷载作用下的四边简支钢筋混凝土双向板，首先在板底中部且平行于长边方向上出现第 1 批裂缝并逐渐延伸，然后沿大约 45°方向四角扩展；在接近破坏时，板的顶面四角附近也出现了垂直于对角线方向且大体呈环状的裂缝，该裂缝的出现促使板底裂缝进一步开展，最终导致跨中钢筋屈服，板即告破坏。

四边支承板在荷载作用下，板的荷载由短向和长向两个方向板带共同承受，各板带分配的荷载值与板的长跨与短跨之比有关，该比值接近时，两个方向板带的弯矩值较接近，随着该比值增大，短向板带弯矩值逐渐增大，长向板带弯矩值逐渐减小。因此，双向板需要在两个方向同时配置受力钢筋，在配筋率相同时，采用细而密的配筋较采用粗而疏的配筋有利。

（3）双向板的构造要求

双向板的厚度一般不小于 80mm，且不大于 160mm。同时，为满足刚度要求，简支板应不小于 $l_1/45$，连续板不小于 $l_1/50$，其中 l_1 为双向板的短向计算跨度。

双向板的受力钢筋应沿板的纵、横两个方向设置，短向筋承受的弯矩较大，应设置在沿长向受力钢筋的外侧。配筋方式有弯起式与分离式两种，工程中常采用分离式配筋。

支座负弯矩钢筋一般伸出支座边 $l_1/4$。当边支座视为简支，但实际上受到边梁或墙约束时，应配置支座构造负筋，其数量应不少于受力钢筋截面面积的 1/3 和 φ8@200，伸出支座边 $l_1/4$，其中 l_1 为短向跨度。

（4）双向板支承梁的构造要求

连续梁的截面尺寸和配筋方式一般参照单向板肋梁楼盖。

对于井式楼盖，其井式梁的截面高度可取为 $(1/12 \sim 1/18)\,l$，其中 l 为短向梁的跨度。纵筋通长布置。考虑到活荷载仅作用在某一梁上时，该梁在节点附近可能出现负弯矩，故上部纵筋数量不宜小于梁跨中下部纵筋的 1/4，且不少于 2Φ12。在节点处，纵、横梁均宜设置附加箍筋，防止活荷载仅作用在某一方向的梁上时，对另一方向的梁产生间接加载作用。

2.4.3　混凝土楼梯的类型与构造

在多层房屋中，楼梯是各楼层间的主要垂直交通设施。由于钢筋混凝土具有坚固、耐久、耐火等优点，故钢筋混凝土楼梯在多层建筑中得到广泛应用。

钢筋混凝土楼梯有现浇整体式和预制装配式两类，但预制装配式楼梯整体性较差，应用较少。在现浇整体式楼梯中，有平面受力体系的普通楼梯和空间受力体系的螺旋式或剪刀式楼梯，如图 2-26 所示。以下仅介绍在工程中大量采用的平面受力体系的普通楼梯。

现浇钢筋混凝土普通楼梯又分为梁式楼梯和板式楼梯两种，如图 2-27 所示。梁式楼梯在大跨度（如水平投影大于 3m）时较经济，但构造复杂，外观笨重，在工程中较少采用；板式楼梯虽在大跨度时不经济，但因构造简单，外观轻巧，在工程中得到广泛应用。

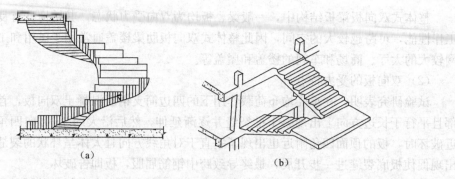

图 2-26 特种楼梯
(a) 螺旋式楼梯；(b) 剪刀式楼梯

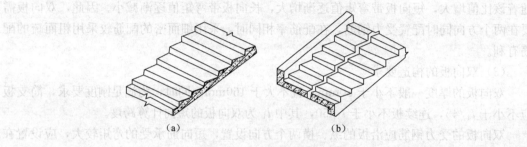

图 2-27 钢筋混凝土楼梯
(a) 板式楼梯；(b) 梁式楼梯

1. 现浇板式楼梯

板式楼梯有普通板式（图 2-28）和折板式（图 2-29）两种形式。

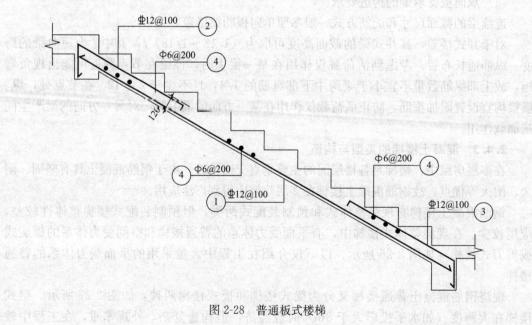

图 2-28 普通板式楼梯

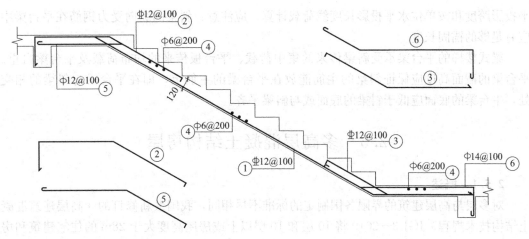

图 2-29 折板式楼梯

（1）普通板式楼梯

普通板式楼梯由梯段板、平台板和平台梁组成。普通板式楼梯的梯段板为表面带有三角形踏步的斜板。梯段板上的荷载以均布荷载的形式传给斜板，斜板以均布荷载的形式传给平台梁。

（2）折板式楼梯

当板式楼梯设置平台梁有困难时，可取消平台梁，做成折板式。折板由斜板和水平板组成，两端支承于楼盖梁或楼梯间纵墙上，故而跨度较大。

2. 现浇梁式楼梯

现浇梁式楼梯由踏步板、斜梁、平台板和平台梁组成，如图 2-30 所示。

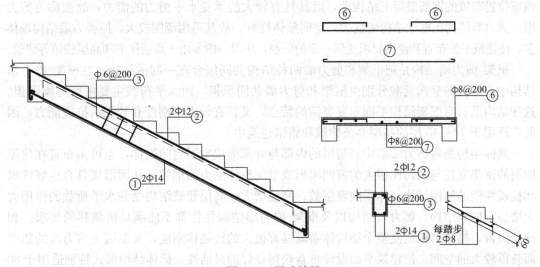

图 2-30　梁式楼梯

梯段上的荷载以均布荷载的形式传递给踏步板，踏步板以均布荷载的形式传给斜梁，斜梁以集中力的形式传给平台梁，同时平台板以均布荷载的形式传给平台梁，最后梁以集中力的形式传给楼梯间的侧墙或柱。

梁式楼梯的斜梁两端支承在平台梁上，斜梁的跨中最大弯矩及支座最大剪力，按其水平投影跨度和按单位水平投影长度线荷载计算，应注意：斜梁的纵向受力钢筋在平台梁中应有足够的锚固长度。

梁式楼梯的平台梁承受斜梁传来的集中荷载、平台板传来的均布荷载及平台梁自重。平台梁的截面高度应保证斜梁的主筋能放在平台梁的主筋上，即在平台梁与斜梁的相交处，平台梁的底面应低于斜梁的底面或与斜梁平齐。

2.5 多高层混凝土结构房屋

2.5.1 概述

对多层与高层建筑的界限各国制定的标准不尽相同，我国最新修订的《高层建筑混凝土结构技术规程》JGJ 3—2010 将 10 层和 10 层以上或房屋高度大于 28m 的住宅建筑和房屋高度大于 24m 的其他民用建筑定义为高层建筑。

多高层混凝土结构房屋常用的结构体系有框架结构、剪力墙结构、框架-剪力墙结构和筒体结构。

框架结构是由梁和柱采用刚性连接而成的骨架结构。框架结构具有建筑平面布置灵活，可以形成较大使用空间，易于满足多功能使用要求的特点，应用较广泛，主要适用于多层工业厂房和仓库，以及民用房屋中的办公楼、旅馆、医院、学校、商店和住宅等建筑。框架结构缺点是侧向刚度较小，当框架层数较多时，水平荷载将使梁、柱截面尺寸过大，影响其技术经济效果和建筑物的抗震性能，因此，框架结构体系一般用于非地震区，或层数较少的高层建筑。

剪力墙结构是由剪力墙同时承受竖向荷载和水平荷载的结构。剪力墙是利用建筑外墙和内墙位置布置的钢筋混凝土结构墙，因其具有较大的承受水平剪力的能力，故被称为剪力墙。剪力墙结构比框架结构刚度大、空间整体性好，故其适用范围较大，但剪力墙结构墙体多，使建筑平面布置和使用要求受到一定的限制，所以一般多用于高层住宅和高层旅馆等建筑。

框架-剪力墙结构是把框架和剪力墙两种结构共同组合在一起的结构。在框架-剪力墙结构中，房屋的竖向荷载分别由框架和剪力墙共同承担，而水平荷载主要由剪力墙承担。这种结构既具有框架结构平面布置灵活的特点，又具有较大的刚度和较强的抗震能力，因此广泛用于 10～40 层的高层办公建筑和旅馆建筑中。

筒体结构是将剪力墙集中到房屋的内部与外部形成空间封闭筒体，也可由布置在房屋四周的密集立柱与高跨比很大的窗间梁形成空间整体受力的框筒，从而形成具有良好抗风和抗震性能的筒体结构。体系随着层数、高度增大，高层建筑结构受到水平荷载的作用大大增加，框架结构、剪力墙结构以及框架-剪力墙结构往往都不能满足抗侧移的要求。相比较而言，筒体结构能使整个结构体系既具有极大的抗侧移刚度，又能因为剪力墙的集中而获得较大的空间，使建筑平面设计重新获得良好的灵活性。筒体结构形式特别适用于 30 层以上或 100m 以上的办公楼等各种公共与商业建筑。

2.5.2 结构体系介绍

1. 框架结构体系

（1）框架结构的类型

框架结构按施工方法的不同可分为现浇式、装配式和装配整体式。

1）现浇式框架

现浇式框架是指梁、柱、板全部为现浇的框架结构。现浇式框架整体性强，抗震性能好，应用较多，但其缺点是现场施工的工作量大，工期长，需要大量模板。

2）装配式框架

装配式框架是指梁、柱、板均为预制，通过焊接拼装成整体的框架结构。由于所有构件均为预制，可实现标准化、工厂化、机械化生产，因此，现场施工速度快、效率高。装配式框架的整体性差，抗震能力弱，不宜在地震地区应用。

3）装配整体式框架

装配整体式框架是指梁、板、柱均为预制，在构件吊装就位后，焊接或绑扎节点区钢筋，再通过后浇混凝土，使各构件连成整体的框架结构。装配整体式框架既具有良好的整体性和抗震能力，又可采用预制构件，兼有现浇式框架和装配式框架的优点，但节点区现场浇筑混凝土施工较为复杂。

（2）承重框架的布置

按楼面竖向荷载传递路线的不同，承重框架的布置有横向框架承重、纵向框架承重和纵、横向框架混合承重三种方案（图 2-31）。

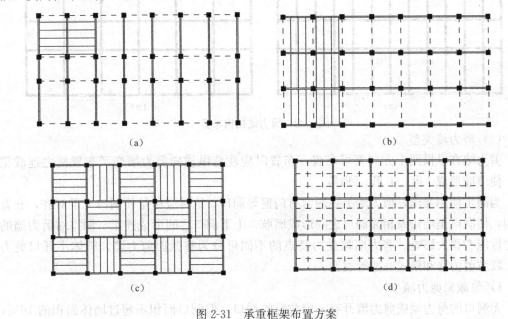

图 2-31　承重框架布置方案

(a) 横向框架承重；(b) 纵向框架承重；(c) 采用预制板楼盖的纵、横向框架混合承重；
(d) 采用双向板现浇楼盖的纵、横向框架混合承重

1）横向框架承重方案是在房屋的横向布置框架主梁，在纵向布置连系梁（图 2-31a）。此方案横向框架跨数少，主梁沿横向布置有利于提高建筑物的横向抗侧移刚度，而纵向框架仅需按构造要求布置较小的连系梁，有利于房屋室内的采光与通风。

2）纵向框架承重方案，是在房屋的纵向布置主梁，在横向布置连系梁（图 2-31b）。由于楼面荷载由纵向主梁传给柱子，所以横梁高度较小，有利于设备管线的穿行。纵向框架承重方案的缺点是房屋横向抗侧移刚度较小，进深尺寸受预制板长度的限制。

3）纵、横向框架混合承重方案，是在纵横两个方向上均布置框架主梁以承受楼面荷

载（图 2-31c、d）。当楼面上作用有较大荷载，或楼面有较大开洞时，或当柱网布置为正方形或接近正方形时，常采用纵、横向框架混合承重方案。这种方案具有较好的整体性能，目前应用较多。

2. 剪力墙结构体系

（1）剪力墙结构的受力特点

剪力墙高度一般与整个房屋的高度相同，宽度由建筑平面布置而定，一般为几米至几十米，而其厚度一般仅有 200～300mm，相对而言较薄。因此，剪力墙在其墙身平面内具有很大的抗侧移刚度。剪力墙体系中的剪力墙，既承受竖向荷载与水平荷载，又起围护及分隔作用，所以对高层住宅和旅馆等比较合适。当剪力墙采用小开间布置时（图 2-32a），横墙间距为 3.3～4.2m，墙体太多，混凝土和钢筋的用量增加，材料强度得不到充分利用，既增大了结构自重，又限制了建筑上的灵活多变；采用大开间布置时（图 2-32b），横墙间距为 6～8m，便于建筑上灵活布置，又可充分利用剪力墙的材料强度，减轻结构自重。目前剪力墙多采用大开间布置。

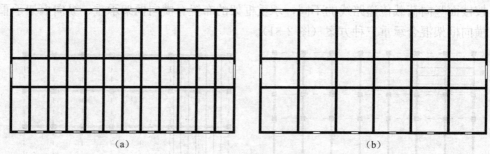

图 2-32　剪力墙结构布置

（2）剪力墙类型

剪力墙在纵横两个方向都可布置，布置时应注意纵横向剪力墙交叉布置使之连成整体，使墙肢形成 I 形、T 形、〔形等。

为满足使用要求，剪力墙上一般常有门窗等洞口，这时应尽量使洞口上下对齐，布置规则，使洞口至墙边及相邻洞口之间形成墙肢，上下洞口之间形成连梁。洞口对剪力墙的受力性能有很大影响。剪力墙按受力特点的不同可分为整截面剪力墙、整体小开口剪力墙、联肢剪力墙和壁式框架等类型。

1）整截面剪力墙

无洞口的剪力墙或剪力墙开有一定数量的洞口，但洞口面积不超过墙体面积的 16%，且洞口间的净距及洞口至墙边的净距都大于洞口长边的尺寸时，可以忽略洞口对墙体的影响，这类剪力墙称为整截面剪力墙，如图 2-33（a）所示。

2）整体小开口剪力墙

当剪力墙上所开洞口面积稍大，超过墙体面积的 16%，但洞口对剪力墙的受力影响仍较小，在水平荷载作用下，这类剪力墙其截面变形仍接近于整体截面剪力墙，这种剪力墙称为整体小开口剪力墙，如图 2-33（b）所示。

3）联肢剪力墙

当剪力墙沿竖向开有一列或多列洞口时，由于洞口较大，剪力墙截面的整体性已被破坏，这时剪力墙成为由一系列连梁约束的墙肢所组成的联肢墙，如图 2-33（c）所示。开有一列洞口的联肢墙称双肢剪力墙（简称双肢墙），开有多列洞口的联肢墙称多肢剪力墙（简称多肢墙）。

4）壁式框架

当剪力墙的洞口尺寸更大，墙肢宽度较小，连梁的线刚度接近于墙肢的线刚度时，剪力墙受力性能已接近框架，此时称为壁式框架，其墙体即为框架柱，如图 2-33（d）所示。

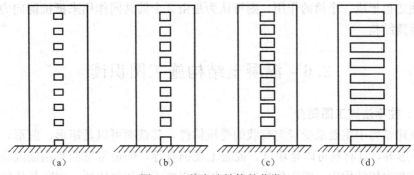

图 2-33 剪力墙结构的分类

3. 框架-剪力墙结构体系

房屋在风荷载和地震作用下，靠近底层的结构构件内力随房屋的增高会急剧增大。因此，当房屋的高度超过一定限度时，如采用框架结构，则框架的梁与柱的截面尺寸就会很大，这不仅使房屋造价升高，而且也将减少建筑的使用面积。在这种情况下，如在框架中设置剪力墙，使框架和剪力墙同时承受竖向荷载和水平荷载。在竖向荷载作用下，框架和剪力墙分别承担其受荷范围内的竖向力。在水平力作用下，框架和剪力墙协同工作，共同抵抗水平力。在结构的底部，框架结构的层间位移较大，剪力墙发挥了较大的作用，框架结构的变形受到剪力墙的制约；而在结构的顶部，剪力墙的层间位移较大，剪力墙受到框架结构的扶持作用。

4. 筒体体系

根据筒的布置、组成和数量不同，筒体体系又可分为框架-筒体结构、筒中筒结构、成束筒结构、多重筒结构等。

（1）框架-筒体结构

框架-筒体结构，是在中央布置剪力墙薄壁筒井并由其承受大部分水平荷载，周边布置大柱距的框架并由其承受相应范围内的竖向荷载，整个结构的受力特点类似框架-剪力墙结构。这种形式的筒体结构可提供较大的空间，因此常被用于高层办公楼建筑中。但由于柱子数量少、断面大，所以需特别注意保证内筒的抗侧移刚度和结构的抗震性能。

（2）筒中筒结构

筒中筒结构由内外两个筒体组成，内筒一般为剪力墙壁筒，而外筒为框筒。筒中筒结构平面可以为正方形、矩形、圆形、三角形或其他形状。建筑布置时是把楼梯间、电梯间等服务性设施全部布置在内筒内，而在内外筒之间提供环形的开阔空间，以满足建筑上自由分隔、灵活布置的要求。因此，筒中筒结构常被用于供出租用的商务办公中心，以便满足各承租客户的不同要求。

（3）成束筒结构

当建筑物高度或其平面尺寸进一步加大，以至于框筒结构或筒中筒结构无法满足抗侧移刚度要求时，可采用成束筒结构，由两个以上框筒或其他筒体排列成束状。

（4）多重筒结构

当建筑平面尺寸很大或内筒较小时，内外筒之间的距离较大，即楼盖结构的跨度较大，这样势必会增加板厚或楼面大梁的高度。为保证楼盖结构的合理性，降低楼盖结构的高度，可在筒中筒结构的内外筒之间增设一圈柱子或剪力墙。若将这些柱子或剪力墙用梁联系起来使之也形成一个筒的作用，则可认为是由3个筒共同作用来抵抗侧向力，亦即成为一个三重筒结构。

2.6　混凝土结构施工图识读

2.6.1　柱平法施工图简介

柱子是建筑物中主要承受竖向荷载的受压构件，其截面可以是矩形、圆形，也可以是L形、十字形等，其材料可以是块材、混凝土及钢材等，但最常见的是钢筋混凝土柱。钢筋混凝土柱在砌体结构中一般用作构造柱，以增强抗震性和整体性，而在其他结构中则主要是承受荷载。柱子可以直接和基础相连，也可以在混凝土梁或剪力墙上生根。本节主要阐述框架柱施工图的识读。

关于框架柱施工图，传统的方法是结合钢筋混凝土框架设计出图。框架施工图绘制通常有两种方式，即整榀出图和梁柱拆开分别出图。前者需在结构平面图上对每一榀框架进行编号，随后把梁柱配筋画在一起整榀出图；后者则对单根梁或柱进行编号，分开出图。无论采用哪种方式，均需对每一榀中的柱或拆开以后的柱，按照编号逐个绘制配筋详图，每个柱子会有多个截面详图，整个框架施工图绘图量很大，而且非常烦琐。而柱平法施工图通过必要的文字说明和统一的构造措施简化了框架柱施工图的绘制内容，做到简单明了，但也增加了读图难度。下面对其制图规则进行详细说明。

（1）框架柱的一般规定

1）柱平法施工图是在柱平面布置图上采用列表注写方式或截面注写方式表达的施工图。

2）柱平面布置图可采用适当比例单独绘制，也可与剪力墙平面布置图合并绘制。

3）在柱平法施工图中，应采用表格或其他方式注明各结构层的楼面标高、结构层高及相应的结构层号，保证地基与基础以及柱与墙、梁、板、楼梯等构件按统一的竖向尺寸进行标注。

4）柱的编号，见表2-14。

柱　编　号　　　　　　　　　　表2-14

柱类型	代号	序号	柱类型	代号	序号
框架柱	KZ	××	梁上柱	LZ	××
框支柱	KZZ	××	剪力墙上柱	QZ	××
芯柱	XZ	××			

（2）列表注写方式

列表注写方式是在柱平面布置图上（一般只需采用适当比例绘制一张柱平面布置图，包括框架柱、框支柱、梁上柱和剪力墙上柱），分别在同一编号的柱中选择一个（有时需要选择几个）截面标注几何参数代号；在柱表中注写柱号、柱段起止标高、几何尺寸（含柱截面对轴线的偏心情况）与配筋的具体数值，并配以各种柱截面形状及其箍筋类型图，来表达柱平法施工图。其注写项目及说明见表2-15、表2-16，具体实例如图2-34所示。

注写项目 表2-15

柱号	标高	$b×h$ 或圆柱直径	h_1	h_2	b_1	b_2	全部纵筋	角筋	b边一侧中部筋	h边一侧中部筋	箍筋类型（图×××）	箍筋	备注

注写项目说明 表2-16

标注内容	注写示例	注写说明
柱号	如：KZ-1 表示 1 号框架柱	柱编号，包括类型代号和序号
标高	如：0.000 ~ 4.500 表示该柱标高从 0.000m 至 4.500m	起止标高值，根据断面尺寸、配筋规格、数量不同而划分。起始位置指柱主筋起点
截面尺寸	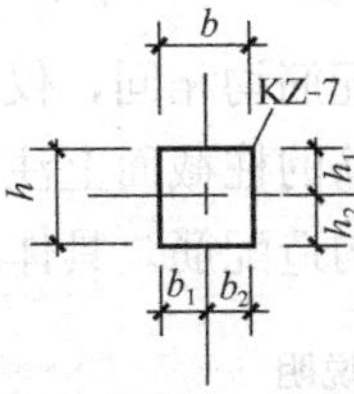 在柱表中应注明 $b×h$ 的数值；b_1、b_2、h_1、h_2 的数值	柱截面尺寸（圆柱直径）与轴线关系几何参数代号 b_1、b_2、h_1、h_2，芯柱尺寸按构造确定时，不注此项；对于矩形柱，注写柱截面尺寸 $b×h$；对于圆柱，表中 $b×h$ 一栏改用在圆柱直径数字前加 d 表示。横边为 b，与 X 向平行；竖边为 h，与 Y 向平行
全部纵筋	如：8⟡22 表示全部纵筋为 8 根直径 22mm 的 HRB400 级钢筋	柱子截面纵向配筋总根数、强度、直径，柱子四边配筋相同时需注写此项，包括矩形柱、圆柱和芯柱
角筋	矩形截面角部配筋，如：4⟡25 表示角筋为 4 根直径 25mm 的 HRB400 级钢筋	
b边一侧中部筋	横边中部配筋（X 方向），如：2⟡20 表示该柱横边中部配筋为 2 根直径 20mm 的 HRB400 级钢筋	柱子四边配筋不同时注写此项，b 边、h 边配置的是该边中部纵筋，不包括角筋；对于采用对称配筋的矩形截面，可仅注写一侧
h边一侧中部筋	竖边中部配筋（Y 方向），如：1⟡18 表示该柱竖边中部配筋为 1 根直径 18mm 的 HRB400 级钢筋	
箍筋类型号及肢数	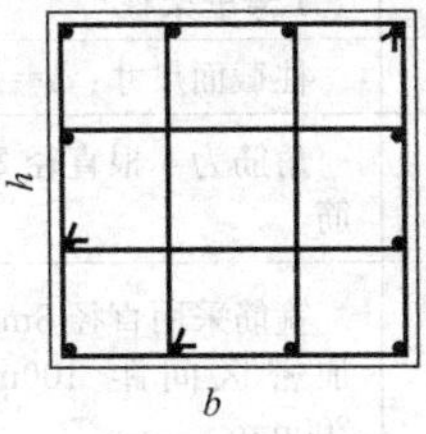 箍筋类型1（$m×n$） 柱表注明：1（4×3）表示该柱箍筋类型编号为 1 型，肢数：b 方向为 $m=4$ 肢，h 方向为 $n=3$ 肢	箍筋类型，只注写类型号及肢数。箍筋类型图需在柱表前针对平面图中柱子截面类型绘出，并编顺序号
箍筋	如：⟡10@100/200 箍筋采用直径 10mm 的 HRB400 级钢筋，加密区间距 100mm，非加密区间距 200mm	表示箍筋配置的强度等级、直径及间距。抗震设计时，用 "/" 区分柱端箍筋加密区与柱身非加密区的不同间距。当圆柱采用螺旋箍筋时，前面加 "L"
备注	如有特殊构造要求时注写此项，一般可不注	

（3）截面注写方式

截面注写方式是在分标准层绘制的柱平面布置图的柱截面上，分别在同一编号的柱中选择一个截面，以直接注写截面尺寸和配筋具体数值的方式来表达。柱平法施工图截面注写方式与列表注写方式大致相同；不同的是，在结构平面布置图中从统一编号的柱中选出一根为代表，对选择的截面一般按另一种比例原位放大绘制柱截面配筋图，并在各配筋图上继其编号后再注写截面尺寸 $b×h$、角筋或全部纵筋（当纵筋采用一种直径且能够图示清楚时）、箍筋的具体数值，以及在柱截面配筋图上标注柱截面与轴线关系 b_1、b_2、h_1、h_2 的具体数值；当纵筋采用两种直径的钢筋时，须再注写截面各边中部筋的具体数值（对于采用对称配筋的矩形截面柱，可仅在一侧注写中部筋，对称边省略不注），见表 2-17、表 2-18。截面注写方式代替了柱平法施工图列表注写方式的截面类型和柱表，更显明确；另外一个不同是截面注写方式需要每个柱段绘制一个柱平法施工图，这比列表方式烦琐。

在截面注写方式中，如柱的分段截面尺寸和配筋均相同，仅分段截面与轴线的关系不同时，可将其编为同一柱号。但此时应在未画配筋的柱截面上注写该柱截面与轴线关系的具体尺寸。芯柱截面尺寸按构造确定，并按标准构造配筋。具体实例如图 2-35 所示。

圆柱平面标注说明 表 2-17

图 示	标 注	表示含义
KZ-2 $R=250$ $8Φ22$ $LΦ10@100$ $3.300\sim6.600$	KZ-2	2 号框架柱
	$R=250$	圆柱半径为 250mm
	$8Φ22$	主筋为 8 根直径 22mm 的 HRB335 级钢筋
	$LΦ10@100$	采用直径 10mm，间距 100mm 的 HPB300 级螺旋箍筋（"L" 表示螺旋箍筋）
	$3.300\sim6.600$	该柱标高从 3.300m 开始，6.600 结束

矩形柱平面标注说明 表 2-18

图示	标 注	表示含义
KZ-1 $400×400$ $4Φ20$ $Φ8@100/200$ $3.300\sim6.600$	KZ-1	1 号框架柱
	$400×400$	柱截面尺寸：$b=400$mm，$h=400$mm
	$4Φ20$	角筋为 4 根直径 20mm 的 HRB400 级钢筋
	$Φ8@100/200$	箍筋采用直径 8mm 的 HRB400 级钢筋，加密区间距 100mm，非加密区间距 200mm
	$3.300\sim6.600$	该柱标高从 3.300m 开始，6.600 结束
	X 方向尺寸 150；250	该柱 X 方向 $b_1=150$mm，$b_2=250$mm（即向①轴线右侧偏心 50mm）
	Y 方向尺寸 150；250	该柱 Y 方向 $h_1=150$mm，$h_2=250$mm（即向Ⓐ轴线上方偏心 50mm）

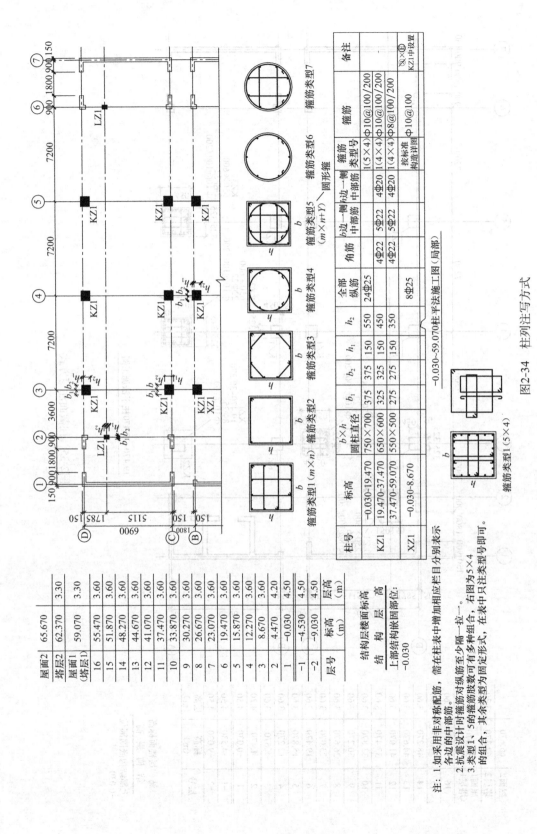

图2-34 柱列注写方式

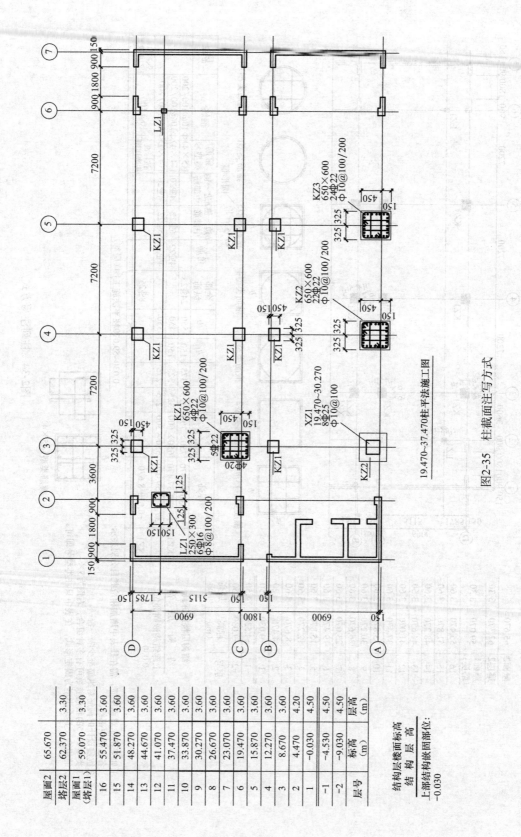

19.470~37.470柱平法施工图

图2-35 柱截面注写方式

屋面2	65.670	3.30
塔层2	62.370	3.30
屋面1(塔层1)	59.070	3.60
16	55.470	3.60
15	51.870	3.60
14	48.270	3.60
13	44.670	3.60
12	41.070	3.60
11	37.470	3.60
10	33.870	3.60
9	30.270	3.60
8	26.670	3.60
7	23.070	3.60
6	19.470	3.60
5	15.870	3.60
4	12.270	3.60
3	8.670	3.60
2	4.470	4.20
1	-0.030	4.50
-1	-4.530	4.50
-2	-9.030	4.50
层号	标高(m)	层高(m)

结构层楼面标高
结 构 层 高
上部结构嵌固部位:
-0.030

2.6.2　剪力墙平法施工图识读

随着高层建筑的增多，剪力墙的应用在建筑中也越来越多。能看得懂剪力墙结构施工图并按图施工，对于建筑施工专业的学生来说，是最基本的要求。下面详细介绍剪力墙平法施工图。

在剪力墙平法施工图中，为了更容易、清晰地表达整个墙体，将剪力墙分为剪力墙柱、剪力墙身和剪力墙梁等三类构件分别表达。

1. 剪力墙构件编号，见表 2-19、表 2-20。

墙柱、墙身编号　　　　　　　　　　　　　　　　表 2-19

类型	代号	序号	类型	代号	序号
约束边缘构件	YBZ	××	扶壁柱	FBZ	××
构造边缘构件	GBZ	××	墙身	Q	××（×排）
非边缘暗柱	AZ	××			

墙 梁 编 号　　　　　　　　　　　　　　　　表 2-20

墙梁类型	代号	序号	墙梁类型	代号	序号
连梁	LL	××	连梁（集中对角斜筋配筋）	LL（DX）	××
连梁（对角暗撑配筋）	LL（JC）	××	暗梁	AL	××
连梁（交叉斜筋配筋）	LL（JX）	××	边框梁	BKL	××

2. 剪力墙柱的截面形状与几何尺寸

剪力墙柱不是普通概念的柱，因为这些墙柱不可能脱离整片剪力墙而独立存在，也不可能独立变形。之所以称其为墙柱，是因为其配筋都是由竖向纵筋和水平箍筋构成，绑扎方式与柱相同。但与柱不同的是，墙柱同时与墙身混凝土和钢筋完全结合在一起。因此，墙柱实质上是剪力墙边缘的集中配筋加强部位。对墙柱的截面，除端柱、扶壁柱凸出墙面外，其他一般都与墙同厚，但沿墙长方向则根据荷载大小、受力变形而定，各类墙柱的截面形状与几何尺寸如图 2-36 所示。

3. 剪力墙平法施工图截面注写方式

剪力墙平法施工图截面注写方式，是在分标准层绘制的剪力墙平面布置图上，以直接在墙柱、墙身、墙梁上注写截面尺寸和配筋具体数值的方式来表达剪力墙平法施工图。截面注写方式实际上是一种综合方式，采用该方式时，剪力墙的墙柱需要在原位绘制配筋截面，属于完全截面注写，而墙身则不需要绘制配筋，属于不完全截面注写方式，墙梁实际上是平面注写方式。为了表述简单，将其统称为截面注写方式，见表 2-21。由于截面注写方式要求原位绘制墙柱配筋截面，为了表达清楚，通常选用适当比例原位放大绘制，其他构件采用统一比例。示例见表 2-22。

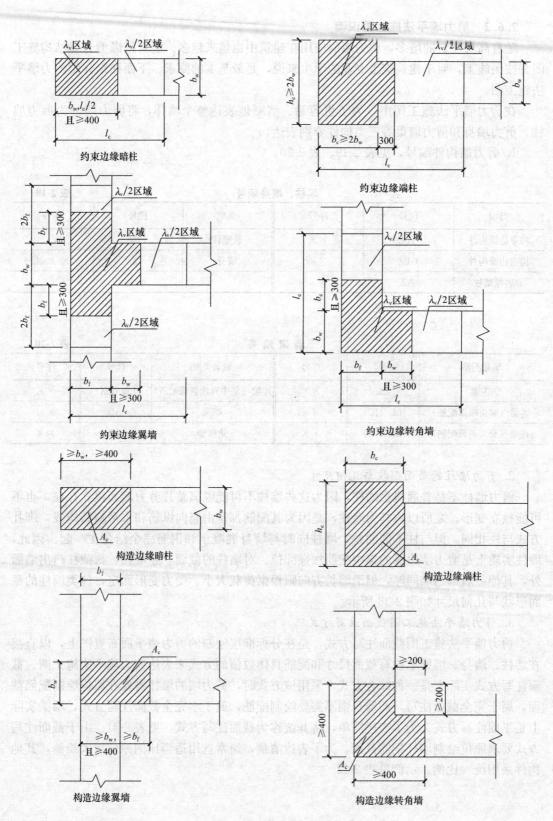

图 2-36 常见墙柱截面

注写说明分类	标注内容	表达含义	附加说明
墙柱截面注写内容说明	YBZ××	墙柱编号	按表 2-19 分类编号
	××φ××	墙柱竖向纵筋总配筋根数、强度等级、直径	所注纵筋不包括墙柱扩展部位的竖向纵筋，该部位纵筋按拉筋间距布置竖向分布筋，墙柱纵筋分布情况会在截面配筋图上直观绘出
	φ××@××/×××	墙柱核心部位箍筋、扩展部位箍筋或拉筋	扩展部位指约束边缘构件由核心墙柱区至墙身区的过渡区
	原位注写尺寸	加注截面几何尺寸	对非构造取值的柱截面尺寸需注出，不注的按构造取值
墙身注写内容说明	Q×× (××排)	墙身编号（钢筋排数）	对于墙体配筋，一侧的水平分布筋与竖向筋形成的一面网格为一排
	墙厚：×××	墙体厚度尺寸	截面上不注写此尺寸，定位轴线与墙中线不重合时，在轴线两侧标注偏轴尺寸
	水平：φ××@×××	墙体水平分布筋强度、直径、间距	墙柱的扩展部位水平配筋按此配置，不另注
	竖向：φ××@×××	墙体竖向分布筋强度、直径、间距	墙柱的扩展部位竖向筋按此配置，但间距按该部位拉筋布置
墙梁注写内容说明	LL××	墙梁编号	对有交叉暗撑的，标注一道暗撑的配筋值（总纵筋、箍筋）并×2，表明两道暗撑交叉。对有交叉钢筋的，标注梁一侧对角斜筋的配筋值并×2，表明对称设置；梁端设拉筋时，"×4"表示四角都设置
	LL (JC) ××, φ××/φ××@×××2	墙梁编号，对角暗撑钢筋配置	
	LL (JX) ××, φ××/×2; φ××@×××4	墙梁编号，交叉斜筋配置；梁端拉筋配置	
	LL (DX) ××, φ××	墙梁编号，集中对角斜筋	
	×层 (×.×××)	墙梁所注楼层号（梁顶相对于此层结构标高的差值）	梁顶标高高差，比结构标高高时用"+"，比结构标高低时用"−"
	b×h	截面尺寸：梁宽×梁高	
	φ××@××× (×)	箍筋强度、直径、间距（肢数）	
	××φ××; ××φ××	上部纵筋；下部纵筋根数、强度等级、直径	先写上部纵筋，再写下部纵筋，中间用"；"隔开
	Gφ××@×××	侧面纵筋强度、直径、间距	当墙身水平分布筋满足墙梁侧面配筋要求时，此项不注，按墙身水平分布筋配置；此配筋表示墙梁两侧面对称布置

图例	标注内容	表达含义
GBZ1 16Φ14 Φ8@100/200	GBZ1	1号构造边缘端柱
	16Φ14	全部纵筋为 16 根直径 14mm 的 HRB400 级钢筋
	Φ8@100/200	箍筋为直径 8mm 的 HRB400 级钢筋，加密区间距 100mm，非加密区间距 200mm
Q1（2排） 墙厚：300 水平分布筋：Φ12@200 竖向分布筋：Φ12@200 拉筋：Φ6@400	Q1（2排）	1号剪力墙，配 2 排钢筋
	墙厚 300	墙厚=300mm
	水平分布筋：Φ12@200	水平分布筋为直径 12mm 的 HPB300 级钢筋，间距 200mm
	竖向分布筋：Φ12@200	竖向分布筋为直径 12mm 的 HPB300 级钢筋，间距 200mm
	拉筋：Φ6@400	墙拉筋为直径 6mm 的 HPB300 级钢筋，间距 400mm
LL3 1层：250×2100（-0.900） 2-4层：250×1800（-0.600） Φ10@180（2） 4Φ20；4Φ22	LL3	3号连梁
	1层：250×2100（-0.900）	1层梁截面宽 250mm，高 2100mm，梁顶低于 1 层结构层标高 0.9m
	2~4层：250×1800（-0.600）	2~4 层梁截面宽 250mm，高 1800mm，梁顶低于对应结构层标高 0.6m
	Φ10@180（2）	箍筋为直径 10mm 的 HRB400 级钢筋，间距 180mm，双肢箍
	4Φ20；4Φ22	梁上部纵筋为 4 根直径 20mm 的 HRB400 级钢筋；梁下部纵筋为 4 根直径 22mm 的 HRB400 级钢筋

4. 剪力墙平法施工图列表注写方式

剪力墙平法施工图列表注写方式是指分别在剪力墙柱表、剪力墙身表、剪力墙梁表中，对应于剪力墙平面布置图上的编号，用绘制截面配筋图并注写几何尺寸与配筋具体数值的方式来表达剪力墙平法施工图。列表注写方式可在一张图纸上将全部剪力墙一次性表达清楚，也可以按剪力墙标准层逐层表达。与框架柱列表注写方式不同的是：因墙柱截面形状比较复杂，所以其几何尺寸与配筋要在表中画出，类似于截面注写。

5. 剪力墙洞口的注写

无论采用列表注写方式还是截面注写方式，剪力墙上的洞口均可在剪力墙平面布置图上原位表达。洞口的具体表示方法是：首先在剪力墙平面布置图上绘制洞口示意，并标注洞口中心的平面定位尺寸。其次在洞口中心位置引注洞口编号、洞口几何尺寸、洞口中心相对标高和洞口每边补强钢筋，共四项内容。具体规定如下：

（1）洞口编号：矩形洞口为 JD×× （××为序号），圆形洞口为 YD×× （××为序号）。

（2）洞口几何尺寸：矩形洞口为洞宽×洞高（$b×h$），圆形洞口为洞口直径 D。

（3）洞口中心相对标高，是相对于结构层楼（地）面标高的洞口中心高度。当其高于结构层楼面时为正值，低于结构层楼面时为负值。

（4）洞口每边补强钢筋，设置方法见表 2-23。

洞口注写示例见表 2-24；常见洞口做法如图 2-37 所示；剪力墙平法施工图列表注写方式示例如图 2-38～图 2-40 所示。

剪力墙洞口补强筋设置　　　　　　　　　　　　　表 2-23

序号	洞口条件	洞口每边补强钢筋
1	矩形洞口，宽、高均不大于800mm	每边加钢筋大于或等于 2Φ12 钢筋，且不小于同向被切断钢筋总面积的 50%，本项免注
2	矩形洞口，宽、高均大于800mm	补强纵筋大于构造配筋，此项注写洞口每边补强钢筋的数值
3	矩形洞口，洞宽大于 800mm	在洞口的上、下需设置补强暗梁，此项注写洞口上、下每边暗梁的纵筋（××Φ××）与箍筋（Φ××@×××）的具体数值（按构造暗梁梁高为 400mm），当洞口上、下边为剪力墙连梁时，此项免注；洞口竖向两侧按边缘构件配筋，也不在此项表达
4	圆形洞口设置在连梁中部 1/3 范围（且圆洞直径不应大于 1/3 梁高）	注写圆洞上下水平设置的每边补强纵筋（××Φ××）与箍筋（Φ××@×××）
5	圆形洞口设置在墙身或暗梁、边框梁位置，且洞口直径不大于 300mm	注写洞口上下左右每边布置的补强纵筋的数值（××Φ××）
6	圆形洞口直径大于 300mm，但不大于 800mm 时	按照圆外切正六边形的边长方向布置，注写六边形中一边补强钢筋的具体数值（××Φ××）

剪力墙洞口注写示例　　　　　　　　　　　　　表 2-24

示例	表示含义
JD2 400×300　+3.000 3Φ14	表示 2 号矩形洞口，洞宽 400mm，洞高 300mm，洞口中心距本结构层楼面 3m，洞口每边补强钢筋 3Φ14
JD5 1800×2100　+1.800 6Φ20　Φ8@150	表示 5 号矩形洞口，洞宽 1800mm，洞高 2100mm，洞口中心距本结构层楼面 1.8m，洞口上下设补强暗梁，每边暗梁纵筋为 6Φ20，箍筋为 Φ8@150

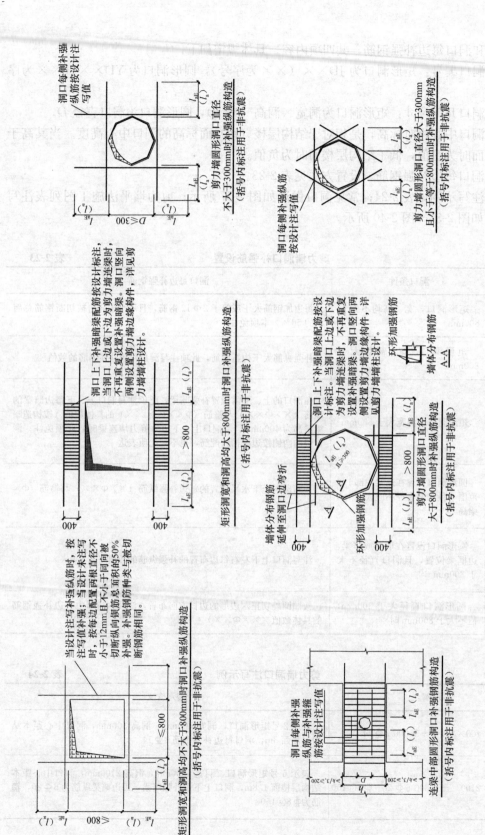

图2-37 剪力墙常见洞口做法

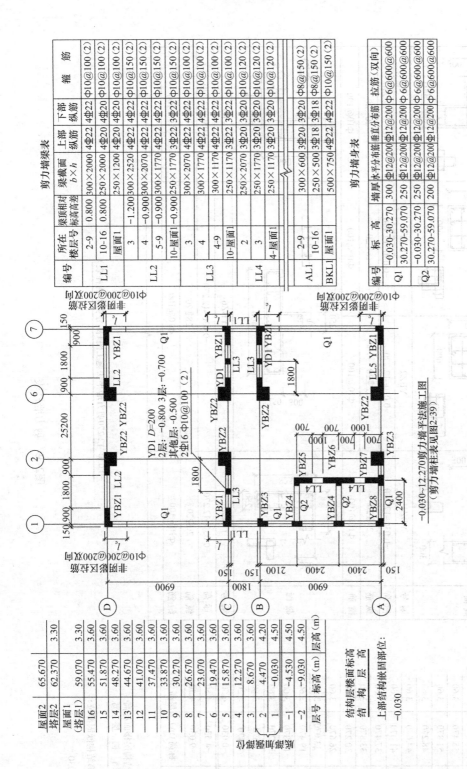

剪力墙梁表

编号	所在楼层号	梁顶相对标高高差	梁截面 b×h	上部纵筋	下部纵筋	箍筋
LL1	2-9	0.800	300×2000	4Φ22	4Φ22	Φ10@100(2)
	10-16	0.800	250×1200	4Φ20	4Φ20	Φ10@100(2)
	屋面1		250×1200	4Φ20	4Φ20	Φ10@100(2)
LL2	3	-1.200	300×2520	4Φ22	4Φ22	Φ10@150(2)
	4	-0.900	300×2070	4Φ22	4Φ22	Φ10@150(2)
	5-9	-0.900	300×1770	4Φ22	4Φ22	Φ10@150(2)
	10-屋面1	-0.900	250×1770	3Φ22	3Φ22	Φ10@150(2)
LL3	3		300×2070	4Φ22	4Φ22	Φ10@100(2)
	4		300×1770	4Φ22	4Φ22	Φ10@100(2)
	4-9		250×1170	3Φ22	3Φ22	Φ10@120(2)
	10-屋面1		250×1170	3Φ22	3Φ22	Φ10@120(2)
LL4	2		250×2070	3Φ20	3Φ20	Φ10@120(2)
	3		250×1770	3Φ22	3Φ22	Φ10@120(2)
	4-屋面1		250×1170	3Φ22	3Φ22	Φ10@120(2)
AL1	2-9		300×600	3Φ20	3Φ20	Φ8@150(2)
	10-16		250×500	3Φ18	3Φ18	Φ8@150(2)
BKL1	屋面1		500×750	4Φ22	4Φ22	Φ10@150(2)

剪力墙身表

编号	标高	墙厚	水平分布筋	垂直分布筋	拉筋（双向）
Q1	-0.030~30.270	300	Φ12@200	Φ12@200	Φ6@600@600
	30.270~59.070	250	Φ12@200	Φ12@200	Φ6@600@600
Q2	-0.030~30.270	250	Φ12@200	Φ12@200	Φ6@600@600
	30.270~59.070	200	Φ12@200	Φ12@200	Φ6@600@600

-0.030~12.270剪力墙平法施工图
（剪力墙柱表见图2-39）

图2-38　剪力墙平法施工图列表注写方式示例

结构层楼面标高 结构层高		
屋面2	65.670	
塔层2	62.370	3.30
屋面1(塔层1)	59.070	3.30
16	55.470	3.60
15	51.870	3.60
14	48.270	3.60
13	44.670	3.60
12	41.070	3.60
11	37.470	3.60
10	33.870	3.60
9	30.270	3.60
8	26.670	3.60
7	23.070	3.60
6	19.470	3.60
5	15.870	3.60
4	12.270	3.60
3	8.670	3.60
2	4.470	4.20
1	-0.030	4.50
-1	-4.530	4.50
-2	-9.030	
层号	标高 (m)	层高 (m)

上部结构嵌固部位：
-0.030

注：1.可在结构层高表中加设混凝土强度等级等栏目。
2.本示例中l_c为约束边缘构件沿墙肢的伸出长度（实际工程中应注明具体值），约束边缘构件非阴影区拉筋（除图中有标注外）：竖向与水平钢筋交点处均设置，直径Φ8。

51

剪力墙柱表

截面				
编号	YBZ1	YBZ2	YBZ3	YBZ4
标高	-0.030~-12.270	-0.030~-12.270	-0.030~-12.270	-0.030~-12.270
纵筋	24Φ20	22Φ20	18Φ20	20Φ20
箍筋	Φ10@100	Φ10@100	Φ10@100	Φ10@100

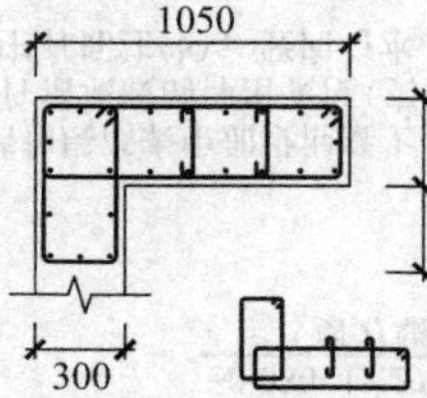

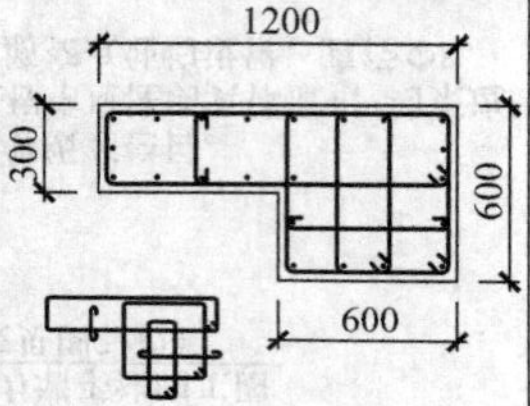

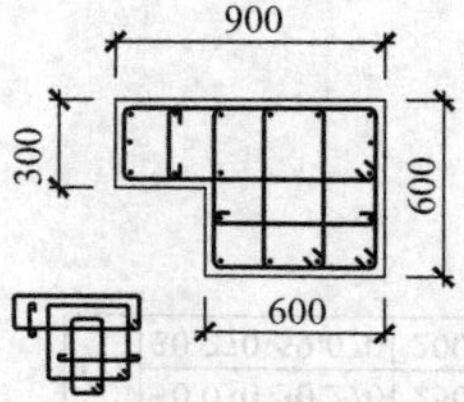

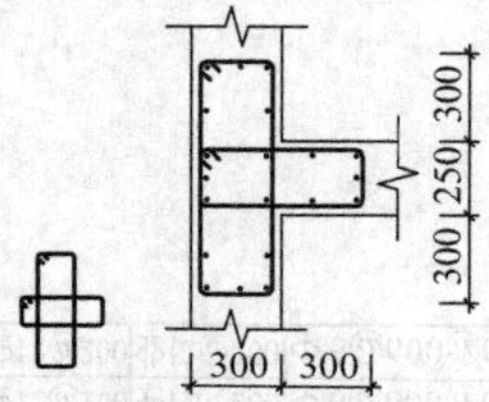

截面			
编号	YBZ5	YBZ6	YBZ7
标高	-0.030~-12.270	-0.030~-12.270	-0.030~-12.270
纵筋	20Φ20	28Φ20	16Φ20
箍筋	Φ10@100	Φ10@100	Φ10@100

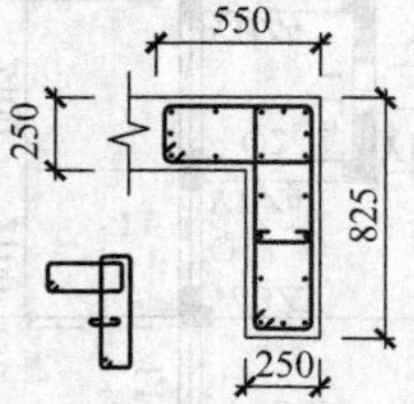

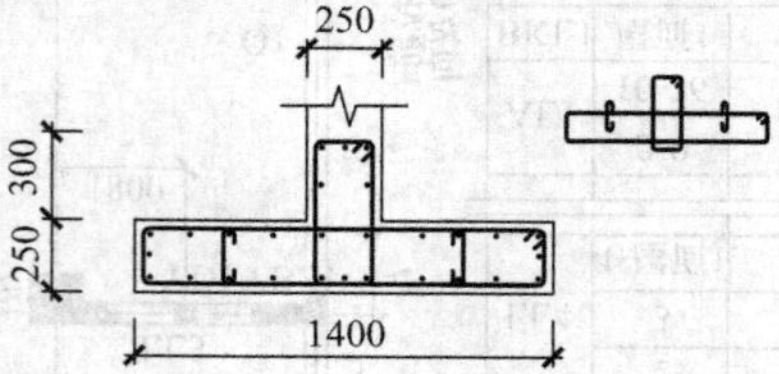

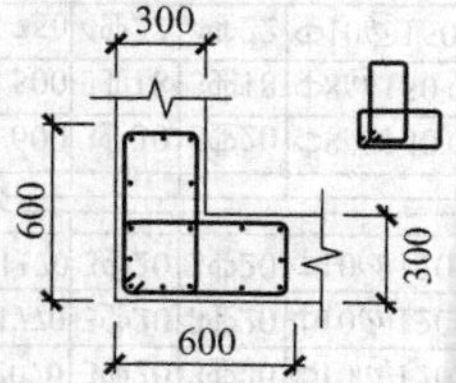

-0.030~12.270剪力墙墙平法施工图（部分剪力墙柱表）

图2-39 剪力墙柱表

层号	标高 (m)	层高 (m)
屋面2	65.670	
塔层2	62.370	3.30
屋面1（塔层1）	59.070	3.30
16	55.470	3.60
15	51.870	3.60
14	48.270	3.60
13	44.670	3.60
12	41.070	3.60
11	37.470	3.60
10	33.870	3.60
9	30.270	3.60
8	26.670	3.60
7	23.070	3.60
6	19.470	3.60
5	15.870	3.60
4	12.270	3.60
3	8.670	3.60
2	4.470	4.20
1	-0.030	4.50
-1	-4.530	4.50
-2	-9.030	4.50

结构层楼面标高
结构层高

上部结构嵌固部位：
-0.030

屋面加强部位

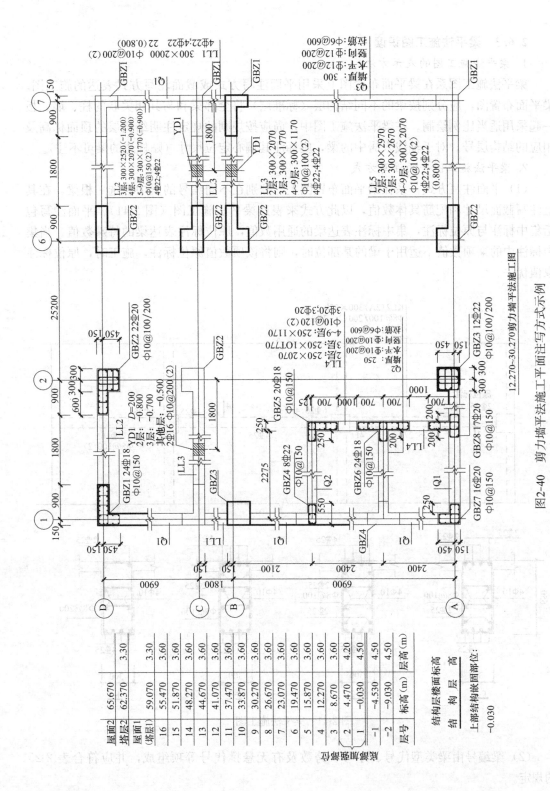

图2-40 剪力墙平法施工平面注写方式示例

53

2.6.3 梁平法施工图识读

1. 梁平法施工图的表示方法

梁平法施工图系在梁平面布置图上采用平面注写方式或截面注写方式表达的施工图。梁平面布置图，应分别按梁的不同结构层（标准层）将全部梁和与其相关联的柱、墙、板一起采用适当比例绘制。在梁平法施工图中，尚应按规则的规定注明结构层的顶面标高及相应的结构层号。对于轴线未居中的梁，应标注其偏心定位尺寸（贴柱边的梁可不注）。

2. 梁平法施工图平面注写方式

（1）平面注写方式，系在梁平面布置图上，分别在不同编号的梁中各选一根梁，在其上注写截面尺寸和配筋具体数值，以此方式来表达梁平法施工图（图2-41）。平面注写包括集中标注与原位标注，集中标注表达梁的通用数值，原位标注表达梁的特殊数值。当集中标注中的某项数值不适用于梁的某部位时，则将该项数值原位标注，施工时，原位标注取值优先。

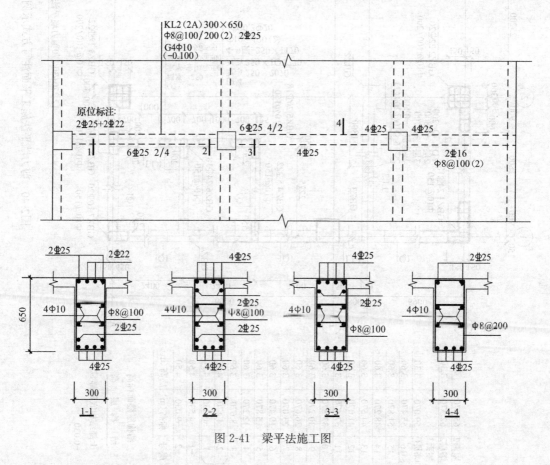

图 2-41　梁平法施工图

（2）梁编号由梁类型代号、序号、跨数及有无悬挑代号等项组成，并应符合表2-25的规定。

（3）梁集中标注

梁集中标注的内容，有五项必注值及一项选注值，标注内容见表2-26。梁集中标注举例见表2-27。

54

梁类型	代号	序号	跨数及是否带有悬挑
楼层框架梁	KL	××	(××)、(××A) 或 (××B)
屋面框架梁	WKL	××	(××)、(××A) 或 (××B)
框支梁	KZL	××	(××)、(××A) 或 (××B)
非框架梁	L	××	(××)、(××A) 或 (××B)
悬挑梁	XL	××	
井字梁	JZL	××	(××)、(××A) 或 (××B)

注：(××A) 为一端有悬挑，(××B) 为两端有悬挑，悬挑不计入跨数。

梁集中标注的内容 表 2-26

标注说明分类	注写形式	注写规则	附加说明
集中标注说明 (集中标注可以从梁的任意一跨引出)	KL×× (×A)	梁编号	必注值，(×) 端部无悬挑，(×A) 一端悬挑，(×B) 两端有悬挑
	$b×h$	梁截面尺寸：梁宽×梁高	必注值，当为等截面梁时，用 $b×h$ 表示；当为竖向加腋梁 (图 2-42) 时，用 $b×hGYc_1×c_2$ 表示；当为水平加腋梁 (图 2-43) 时，一侧加腋时用 $b×hPY\,c_1×c_2$；当有悬挑梁且根部和端部的高度不同 (图 2-44) 时，用斜线分隔根部与端部的高度值，即为 $b×h_1/h_2$
	φ××@××/×××(×)	梁箍筋，包括钢筋级别、直径、加密区与非加密区间距及肢数	必注值，箍筋加密区与非加密区的不同间距及肢数需用斜线 "/" 分隔，当梁箍筋为同一种间距及肢数时，则不需用斜线；当加密区与非加密区的箍筋肢数相同时，则将肢数注写一次；箍筋肢数应写在括号内。注写时，先注写梁支座端部的箍筋，在斜线后注写梁跨中部分的箍筋间距及肢数
	×φ×× 或 ×φ××+ (×φ××) 或 ×φ××; ×φ××	梁上部通长筋或架立筋根数、强度等级、直径；或上部通长筋；下部通长筋	必注值，当同排纵筋中既有通长筋又有架立筋时，应用加号 "+" 将通长筋和架立筋相连。注写时需将角部纵筋写在加号的前面，架立筋写在加号后面的括号内，以示不同直径及与通长筋的区别。当全部采用架立筋时，则将其写入括号内。当梁的上部纵筋和下部纵筋为全跨相同，且多跨配筋相同时，此项可加注下部纵筋的配筋值，用分号 ";" 将上部与下部纵筋的配筋值分隔开来
	G×φ×× 或 N×φ××	梁侧面纵向构造钢筋或受扭钢筋配置	必注值，当梁腹板高度 $h_w≥450mm$ 时需配置纵向构造钢筋，此项注写值以大写字母 G 打头，当梁侧面需配置受扭纵向钢筋时，此项注写值以大写字母 N 打头，接续注写配置在梁两个侧面的总配筋值，且对称配置

标注说明分类	注写形式	注写规则	附加说明
集中标注说明 （集中标注可以从梁 的任意一跨引出）	(×.×××)	梁顶面标高高差	选注值，梁顶面标高高差系指相对于结构层楼面标高的高差值，对于位于结构夹层的梁，则指相对于结构夹层楼面标高的高差。有高差时，需将其写入括号内，无高差时不注。（当某梁的顶面高于所在结构层的楼面标高时，其标高高差为正值，反之为负值）

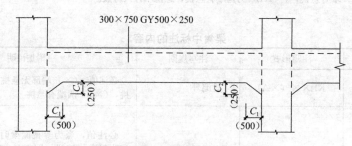

图 2-42　竖向加腋截面注写示意

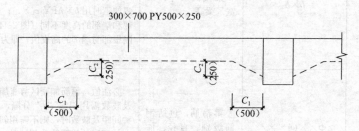

图 2-43　水平加腋截面注写示意

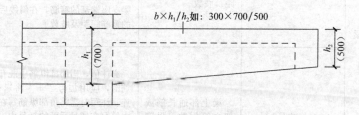

图 2-44　悬挑梁不等高截面注写示意

梁集中标注举例　　　　　　　　　　　　　　　　　　　　表 2-27

类别	注写内容	表达含义
梁编号	KL7（5A）	表示第 7 号框架梁，5 跨，一端有悬挑
	L9（7B）	表示第 9 号非框架梁，7 跨，两端有悬挑
箍筋	Φ10@100/200（4）	表示箍筋为 HPB300 钢筋，直径 10mm，加密区间距为 100 mm，非加密区间距为 200 mm，均为四肢箍
	13Φ10@150/200（4）	表示箍筋为 HPB300 钢筋，直径 10mm；梁的两端各有 13 个四肢箍，间距为 150mm；梁跨中部分间距为 200mm，四肢箍

类别	注写内容	表达含义
架立筋与通长筋	2⏀22 用于双肢箍； 2⏀22＋(4⏀12) 用于六肢箍	表示其中 2⏀22 为通长筋，4⏀12 为架立筋
	3⏀22；3⏀20	表示梁的上部配置 3⏀22 的通长筋，梁的下部配置 3⏀20 的通长筋
构造钢筋与抗扭钢筋	G4⏀12	表示梁的两个侧面共配置 4⏀12 的纵向构造钢筋，每侧各配置 2⏀12
	N6⏀22	表示梁的两个侧面共配置 6⏀22 的受扭纵向钢筋，每侧各配置 3⏀22
梁顶面标高高差	当某梁的梁顶面标高高差注写为（−0.050）时	表示该梁顶面标高相对于该楼层的结构标高低 0.05m

（4）梁原位标注，见表 2-28。

梁原位标注　　　　　　　　　　　　　　表 2-28

标注说明分类	注写形式	注写规则	附加说明
原位标注 （含通长筋）的说明	×⏀×× ×/×	梁支座上部纵筋根数、强度等级、直径，以及用"/"分隔的各排筋根数	为该区域上部包括通长筋与非通长筋在内的全部纵筋。多于一排时，用斜线"/"自上而下分开；有两种直径时，用加号"+"相连，角筋写在前面；支座两边纵筋不同时，分别注写，相同时，可仅在支座一侧标注
	×⏀×× ×/×或 ⏀×× ×(−×)/×	梁下部纵筋根数、强度等级、直径，以及用"/"分隔的各排筋根数。有不伸入支座的钢筋用（−×）注明，可以是根数，也可以是具体配筋值	多于一排时，用斜线"/"自上而下分开；有两种直径时，用加号"+"相连，角筋写在前面；当梁下部纵筋不全部伸入支座时，将梁支座下部纵筋减少的数量写在括号内
	×⏀××或 ×⏀×@××（×）	附加箍筋总根数或吊筋、强度等级、直径；括号内为箍筋肢数	将其直接画在平面图中的主梁上，用线引注总配筋值。当多数附加箍筋或吊筋相同时，可在梁平法施工图上统一注明，少数不同时，再原位标注
	其他原位标注	某部位与集中标注不同的内容	一经原位标注，原位标注值优先

（5）梁平法标注平面注写方式示例，如图 2-45 所示。

3. 梁平法施工图截面注写方式

梁平法施工图截面注写方式是在分标准层绘制的梁平面布置图上，分别在不同编号的梁中各选择一根梁用剖面号引出配筋图，并在其上注写截面尺寸和配筋具体数值来表达梁

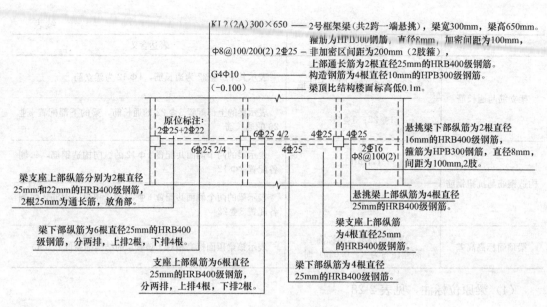

图 2-45　梁平法标注示例

施工图的方式。梁平法施工图对所有梁应按表 2-25 的规定进行编号，从相同编号的梁中选择一根梁，先将"单边截面号"画在该梁上，再将截面配筋详图画在本图或其他图上。当某梁的顶面标高与结构层的楼面标高不同时，尚应在其梁编号后注写梁顶面标高高差（注写规定与平面注写方式相同）。在截面配筋详图上注写截面尺寸 $b \times h$、上部筋、下部筋、侧面构造筋或受扭筋，以及箍筋的具体数值时，其表达形式与平面注写方式相同。截面注写方式既可以单独使用，也可与平面注写方式结合使用。

4. 梁平法施工图实例

平面注写方式梁平法施工图实例如图 2-46 所示。

截面注写方式梁平法施工图实例如图 2-47 所示。

2.6.4　板平法施工图识读

板在建筑物中是水平（或倾斜）放置的分隔垂直空间的构件，其受力类似于梁。钢筋混凝土板是目前应用最广泛的板，根据施工方法不同，可分为现浇板和预制板。预制板结构布置图一直沿用传统方式绘制和识读。本节主要讲述的是现浇混凝土楼面板和屋面板的结构识图。

板内钢筋一般有纵向受拉钢筋与分布钢筋两种。板的纵向受拉钢筋分底筋和支座上部负筋，分布钢筋的主要作用是固定受力筋位置、将板上荷载有效传到受力钢筋上以及防止温度或混凝土收缩裂缝。分布筋垂直于板受力筋方向，放置在受力筋内侧。在结构图上一般不绘制分布钢筋，而是在图注或结构设计说明中加以注解。

1. 传统楼板的配筋表示方式

传统楼板的配筋表示方式用粗实线在原位画出板的钢筋原状，每一种钢筋只画一根，既要画下部钢筋，也要画支座处上部负筋；并在合适位置写明板厚和板的结构标高，也可以在平面图上用原位重合断面图形式画出板的形状、板厚及板的标高，如图 2-48 及表 2-29 所示。

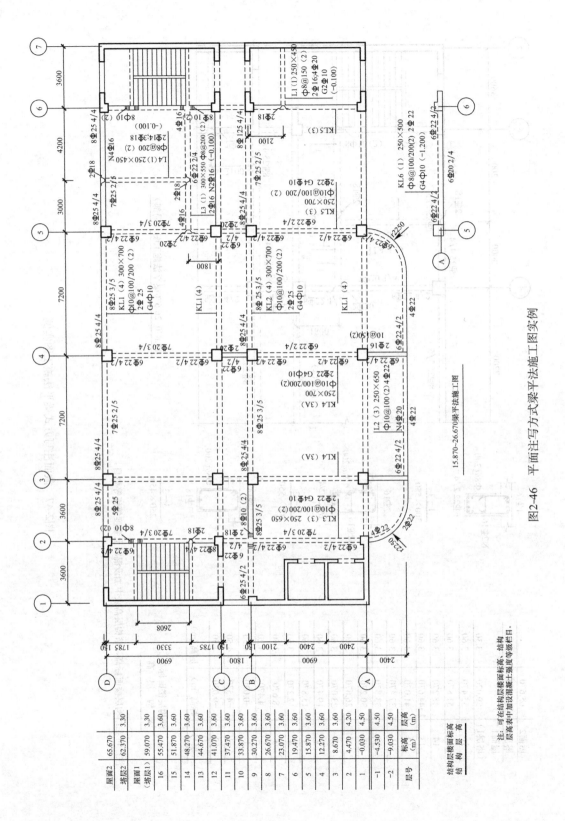

图2-46 平面注写方式梁平法施工图实例

注：可在结构层楼面标高、结构
层高表中加设混凝土强度等级栏目。

59

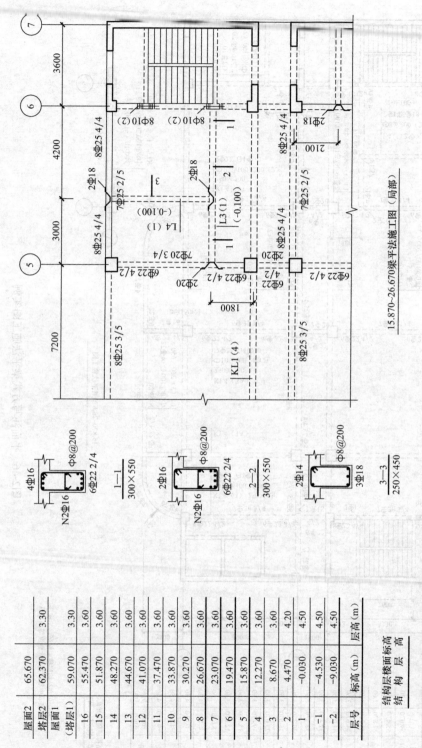

15.870~26.670梁平法施工图（局部）

图2-47　截面注写方式梁平法施工图实例

	结构层楼面标高结构层高	
屋面2	65.670	3.30
塔层2	62.370	3.30
屋面1（塔层1）	59.070	3.60
16	55.470	3.60
15	51.870	3.60
14	48.270	3.60
13	44.670	3.60
12	41.070	3.60
11	37.470	3.60
10	33.870	3.60
9	30.270	3.60
8	26.670	3.60
7	23.070	3.60
6	19.470	3.60
5	15.870	3.60
4	12.270	3.60
3	8.670	4.20
2	4.470	4.50
1	-0.030	4.50
-1	-4.530	4.50
-2	-9.030	
层号	标高（m）	层高（m）

注：可在结构层楼面标高、结构层高表中加设混凝土强度等级等栏目。

60

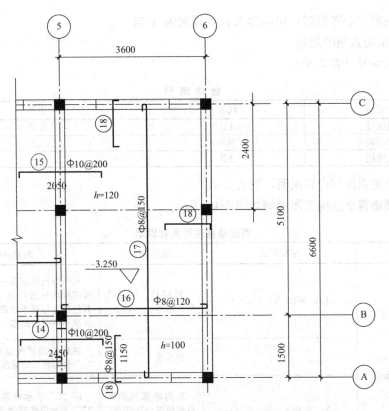

图 2-48　板的配筋图

标注内容	表达含义
⑭　Φ10@200 —————— 2450	X 方向板负筋，编号为 14 号，长 2450mm，对称布筋；采用直径 10mm 的 HPB300 级钢筋，间距 200mm
⑯　　Φ8@120	X 方向板底受力筋，编号为 16 号，采用直径 8mm 的 HPB300 级钢筋，间距 120mm
$h=120$	板厚为 120mm
3.250 ▽	板顶结构标高为 3.250m

2. 板的平法施工图

板的平法施工图是在板平面布置图上采用平面注写方式进行表达的施工图。平法施工图中根据支座的不同将板分为有梁楼盖和无梁楼盖两种。板的平法施工图注写内容包括板块集中标注（用符号和数字表达板的厚度和贯通筋）和板支座原位标注（在板支座处或纯悬挑板上部原位画出不带弯钩的钢筋示意图）。以下主要介绍有梁楼盖板平法施工图。

（1）板平法施工图坐标方向规定

1）两向轴网正交布置时，图面从左至右为 X 向，从下至上为 Y 向；

2）当轴网转折时，局部坐标方向顺轴网转折角度作相应转折；

3）当轴网向心布置时，切向为 X 向，径向为 Y 向。

（2）有梁楼盖制图规则

1）板块编号（表 2-30）

板 块 编 号

表 2-30

板类型	代号	序号
楼面板	LB	××
屋面板	WB	××
悬挑板	XB	××

2）有梁楼盖注写内容说明，见表 2-31。

3）有梁楼盖平法施工图示例如图 2-49 所示。

有梁楼盖注写内容说明

表 2-31

分类	注写形式	表达内容	附加说明
集中标注说明（相同编号的板块选择其一）	LB、WB、XB（××）	板编号，包括代号、序号	对所有板块应逐一编号，相同编号的板块可选择其一作集中标注，其他仅注写置于圆圈内的板编号及标高不同时的高差
	$h=×××$ 或 $h=×××/×××$	板厚度	悬挑板端部改变截面厚度时用"/"分隔根部与端部的高度值
	X：B：$\Phi××@×××$；T：$\Phi××@×××$；Y：B：$\Phi××@×××$；T：$\Phi××@×××$	X 向底部与顶部贯通纵筋强度等级、直径、间距；Y 向底部与顶部贯通纵筋强度等级、直径、间距	用"B"表示底部贯通纵筋，用"T"表示顶部贯通纵筋。X，Y 两向贯通筋相同时则以"X&Y"打头，同时表达。当在某些板内配构造筋（如悬挑板下部）则以 X_c 和 Y_c 打头
板支座上部非贯通筋和纯悬挑板上部受力筋的原位标注说明（注写在配置相同跨的第一跨）	$\underset{×××}{\phi××@×××}$　（×.×A.×B） **板支座为直线**	中粗实线代表钢筋，上部注写支座上部附加非贯通纵筋编号、强度等级、直径、间距（相同配筋横向布置的跨数及有否布置到外伸部位）；下部注写自梁中心线分别向两边跨内的延伸长度值	当两侧对称布置时，可只在一侧注延伸长度值；对贯通全跨或贯通全悬挑长度一侧的长度值不注；相同非贯通纵筋可只注写一处，其他仅在中粗实线上注写编号
	 放射配筋间距的定位尺寸		当板支座为弧形，支座上部非贯通筋呈放射状分布时，图纸中加注"放射分布"四个字，并注明配筋间距的度量位置。其他注解同前

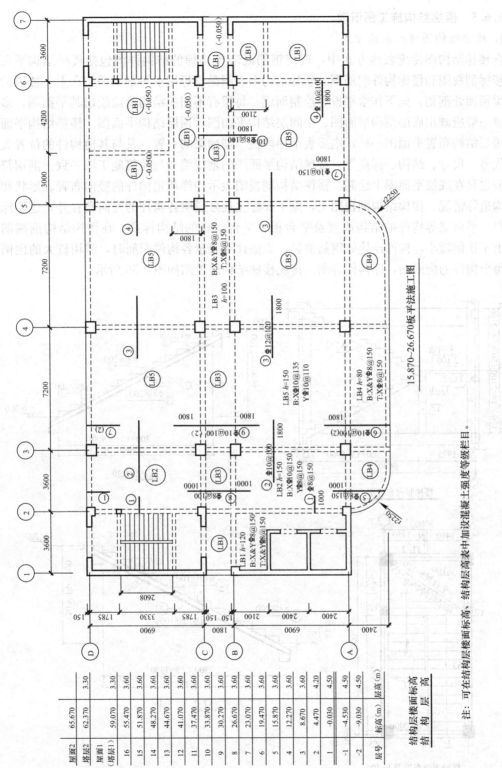

图2-49 有梁楼盖平法施工图示例

注：可在结构层高表中加设混凝土强度等级等栏目。

层号	标高 (m)	层高 (m)
屋面2	65.670	3.30
塔层2	62.370	3.30
屋面1 (塔层1)	59.070	3.60
16	55.470	3.60
15	51.870	3.60
14	48.270	3.60
13	44.670	3.60
12	41.070	3.60
11	37.470	3.60
10	33.870	3.60
9	30.270	3.60
8	26.670	3.60
7	23.070	3.60
6	19.470	3.60
5	15.870	3.60
4	12.270	3.60
3	8.670	3.60
2	4.470	4.20
1	-0.030	4.50
-1	-4.530	4.50
-2	-9.030	

结构层楼面标高
结 构 层 高

2.6.5 楼梯结构施工图识读

1. 楼梯结构图传统表达方式

在楼梯结构图传统表达方式中，现浇钢筋混凝土楼梯的结构详图包括楼梯结构平面图、楼梯剖视图和楼梯构件配筋图。楼梯结构平面图是设想用水平剖切平面在上一楼层的平台梁顶面处剖切，向下作水平投影绘制而成。每层有不同的结构都应绘出其平面图，多层房屋一般应画出底层结构平面图、中间层结构平面图和顶层结构平面图。楼梯结构平面图与楼层结构布置平面图一样，主要表示梯段板、楼梯梁的布置，及与其他构件的位置关系、代号、尺寸、结构、标高等。楼梯结构平面图的轴线编号与建筑施工图一致。剖切符号一般也只在底层平面图上绘制。楼梯结构剖视图表示楼梯承重构件的竖向布置、形状和连接构造等情况。楼梯结构剖视图上，除了要标注代号说明各构件的竖向布置外，还要标注梯段、平台梁等构件的结构高度及平台板、平台梁底的结构标高。在楼梯结构剖视图中，由于比例较小，构件连接处钢筋重影，无法详细表示各构件配筋时，需用较大的比例画出每个构件的配筋图，即构件详图。传统楼梯结构施工图如图2-50所示。

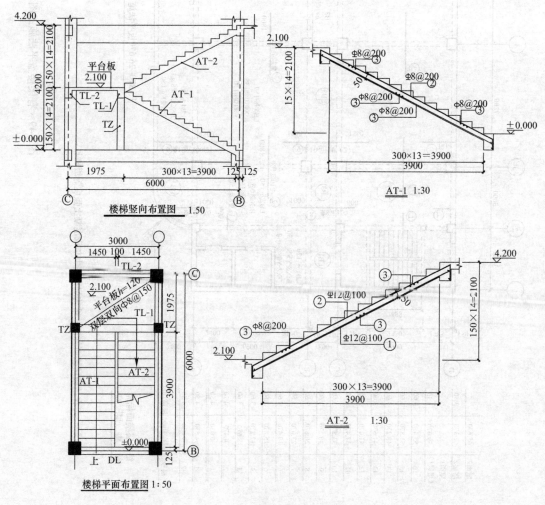

图2-50 传统楼梯结构施工图（一）

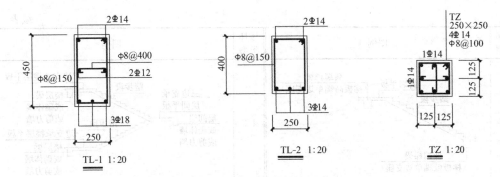

图 2-50 传统楼梯结构施工图（二）

楼梯结构图传统表达方式的优点是较直观，但是绘图比较烦琐，楼梯通常采用平法施工图进行标注。

2. 板式楼梯平法施工图的表示方法

板式楼梯平法施工图是在楼梯平面布置图上采用平面注写的方式表达的施工图。楼梯平面布置图是将楼梯标准层采用适当比例集中绘制，或将标准层与相应标准层的梁平法施工图绘制在同一张图上。

（1）现浇混凝土板式楼梯平法施工图的表示方法

1）现浇混凝土板式楼梯平法施工图有平面注写、剖面注写和列表注写三种表达方式。

2）为方便施工，在集中绘制的板式楼梯平法施工图中，宜按规定注明各结构层的楼面标高、结构层高及相应的结构层号。

（2）楼梯类型

根据楼梯的截面形状和支座位置的不同，平法施工图将板式楼梯分成了三组 11 种类型。第一组有 5 种类型，代号分别为 AT、BT、CT、DT、ET 型；第二组板式楼梯有 3 种类型，代号分别为 FT、GT、HT 型；第三组有 3 种类型，代号分别为 ATa、ATb、ATc 型，详见表 2-32、表 2-33。

楼梯类型示意图   表 2-32

楼梯类型	图例	楼梯类型	图例
AT	（梯板高端单边支座） 高端梯梁 踏步段 低端梯梁 （梯板低端单边支座）	DT	高端梯梁 （梯板高端单边支座） 高端平板 踏步段 低端平板 低端梯梁 （梯板低端单边支座）
BT	（梯板高端单边支座） 高端梯梁 踏步段 低端平板 低端梯梁 （梯板低端单边支座）	ET	低端梯梁 （楼层梯梁） 高端踏步段 中位平板 低端踏步段 低端梯梁 （楼层梯梁）

楼梯类型	图例	楼梯类型	图例
CT	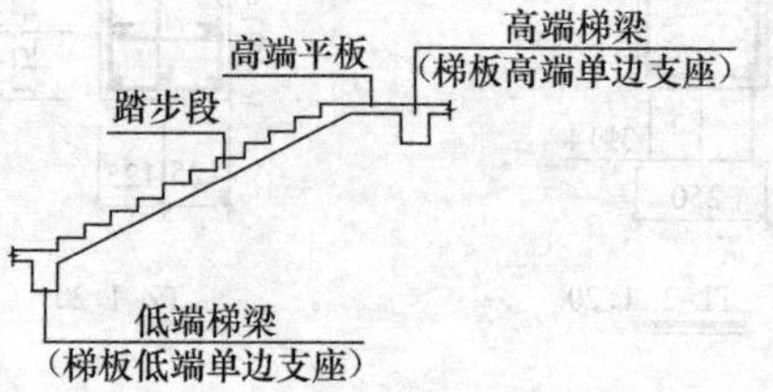 踏步段　高端平板　高端梯梁（梯板高端单边支座）　低端梯梁（梯板低端单边支座）	FT	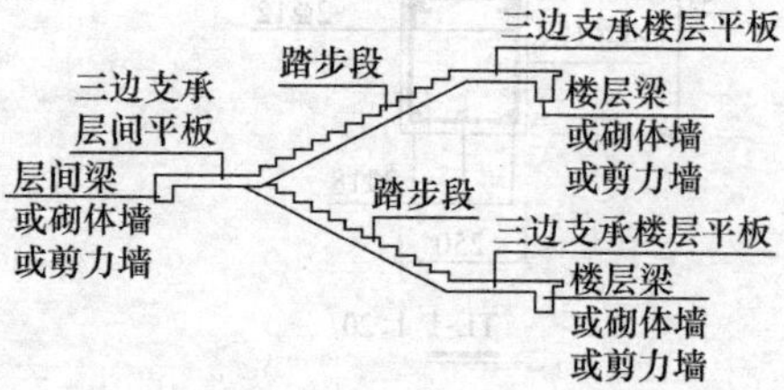 三边支承层间平板　踏步段　三边支承楼层平板　楼层梁或砌体墙或剪力墙　层间梁或砌体墙或剪力墙　踏步段　三边支承楼层平板　楼层梁或砌体墙或剪力墙
GT	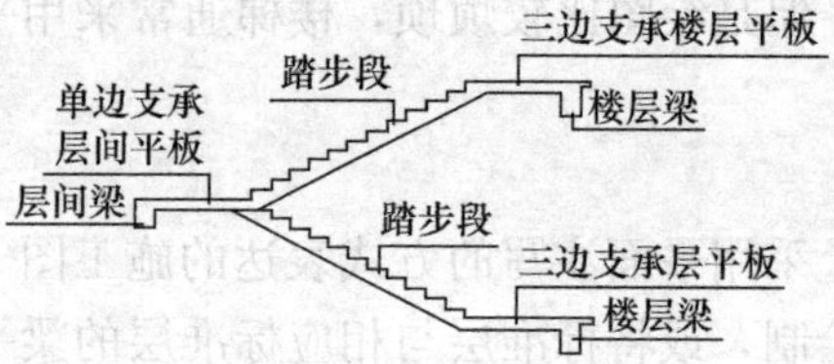 单边支承层间平板　踏步段　三边支承楼层平板　楼层梁　层间梁　踏步段　三边支承层平板　楼层梁	HT	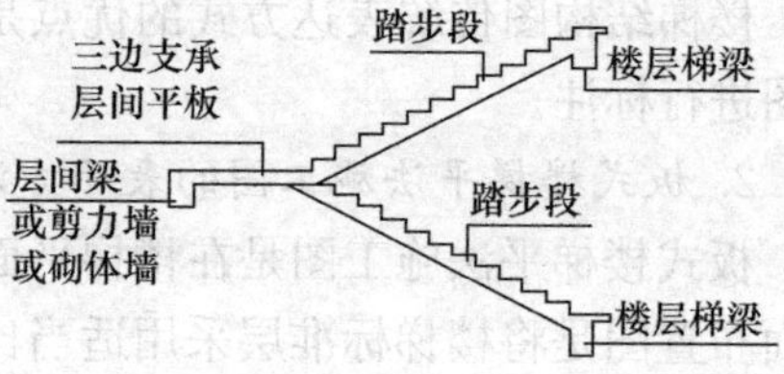 三边支承层间平板　踏步段　楼层梯梁　层间梁或剪力墙或砌体墙　踏步段　楼层梯梁
ATa	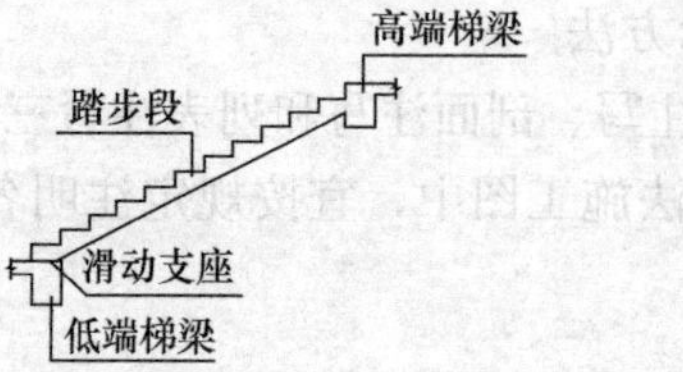 踏步段　高端梯梁　滑动支座　低端梯梁	ATb	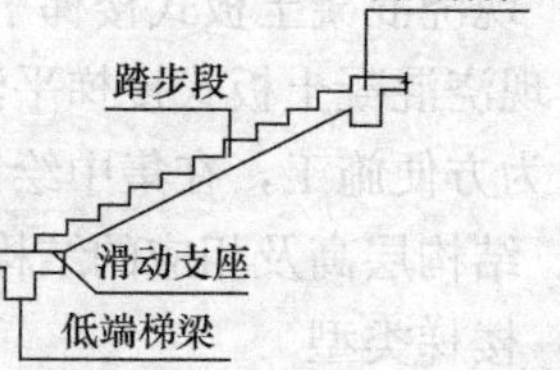 踏步段　高端梯梁　滑动支座　低端梯梁
ATc	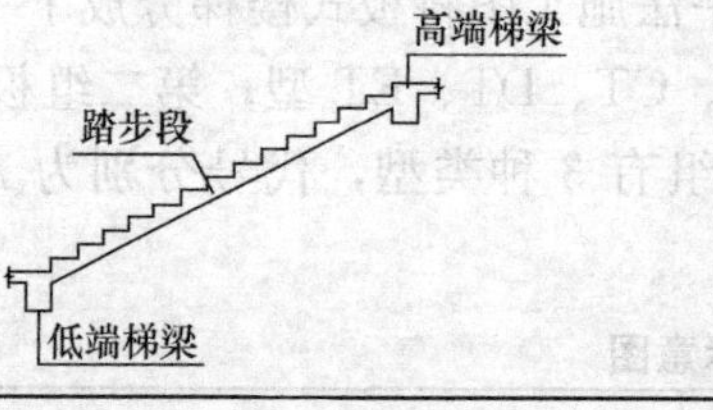 踏步段　高端梯梁　低端梯梁		

楼梯类型　　　　　　　　　　　　　　　　　表 2-33

梯板代号	适用范围		是否参与结构整体抗震计算
	抗震构造措施	适用结构	
AT	无	框架、剪力墙、砌体结构	不参与
BT			
CT	无	框架、剪力墙、砌体结构	不参与
DT			
ET	无	框架、剪力墙、砌体结构	不参与
FT			
GT	无	框架结构	不参与
HT		框架、剪力墙、砌体结构	
ATa	有	框架结构	不参与
ATb			
ATc			参与

66

3. 平面注写方式

（1）平面注写方式，系在楼梯平面布置图上用注写截面尺寸和配筋具体数值的方式来表达楼梯施工图，其包括集中标注和外围标注。

（2）楼梯集中标注的内容有五项，具体规定见表 2-34。

楼梯标注内容说明 表 2-34

标注的内容	注写方式及说明	标注示例	表达含义
梯板类型代号与序号	AT××	AT1	AT 型楼梯，编号为 1 号
梯板厚度	h＝×××，当为带平板的梯板且梯段板厚度和平板厚度不同时，可在梯段板厚度后面括号内以字母 P 打头注写平板厚度	h＝130(P150)	表示梯段板厚度 130mm，平板厚度 150mm
踏步段总高度和踏步级数	踏步段总高度和踏步级数，之间以"/"分隔	1800/12	踏步段总高度为 1800mm，踏步级数为 12 级
梯板支座上部纵筋，下部纵筋	梯板支座上部纵筋，下部纵筋，之间以";"分隔	Φ10@200；Φ12@150	表示上部纵筋为直径 10mm 的 HRB400 级钢筋，间距 200mm；下部纵筋为直径 12mm 的 HRB400 级钢筋，间距 150mm
梯板分布筋	以 F 打头注写分布钢筋具体值，也可在图中统一说明。	FΦ8@250	表示梯板分布筋为直径 8mm 的 HPB300 级钢筋，间距 250mm

（3）楼梯外围标注的内容

楼梯外围标注的内容包括楼梯间的平面尺寸、楼层结构标高、层间结构标高、楼梯的上下方向、梯板的平面几何尺寸、平台板配筋、梯梁及梯柱配筋等。

4. 剖面注写方式

（1）剖面注写方式需在楼梯平法施工图中绘制楼梯平面布置图和楼梯剖面图，注写方式分平面注写、剖面注写两部分。

（2）楼梯平面布置图注写内容包括楼梯间的平面尺寸、楼层结构标高、层间结构标高、楼梯的上下方向、梯板的平面几何尺寸、梯板类型及编号、平台板配筋、梯梁及梯柱配筋等。

（3）楼梯剖面图注写内容包括梯板集中标注、梯梁梯柱编号、梯板水平及竖向尺寸、楼层结构标高、层间结构标高等。

（4）梯板集中标注的内容有四项：梯板类型及编号、梯板厚度、梯板配筋、梯板分布筋（注写方式同表 2-34）。

5. 列表注写方式

（1）列表注写方式，系用列表方式注写梯板截面尺寸和配筋具体数值的方式来表达楼梯施工图。

（2）列表注写方式的具体要求同剖面注写方式，仅将剖面注写方式中的梯板配筋注写项改为列表注写项即可，见表 2-35。

梯板列表注写示意 表 2-35

梯板编号	踏步段总高度/踏步级数	板厚 h	上部纵向钢筋	下部纵向钢筋	分布筋
AT1	1800/12	h＝130(P150)	Φ10@200	Φ12@150	FΦ8@250

6. AT 型楼梯平面注写和配筋构造

AT 型楼梯注写内容说明见表 2-36。图 2-51～图 2-53 为 AT 型楼梯配筋构造及平面注写实例。

AT 型楼梯注写内容说明　　　　表 2-36

注写内容	表达含义	其他注写项目
AT1、AT2	AT 型楼梯编号为 1 号、2 号	
$h=140$	楼梯板厚 140mm	
2100/14	踏步总高 2100mm，级数为 14 级	外围注写楼梯开间尺寸、进深尺寸、踏步宽度、梯段长度，平台板板厚、平台板配筋、结构构件的平面位置等
⊕10@200；⊕12@150	表示上部纵筋为直径 10mm 的 HRB400 级钢筋，间距 200mm；下部纵筋为直径 12mm 的 HRB400 级钢筋，间距 150mm	
F⊕8@250	表示梯板分布筋为直径 8mm 的 HRB400 级钢筋，间距 250mm	

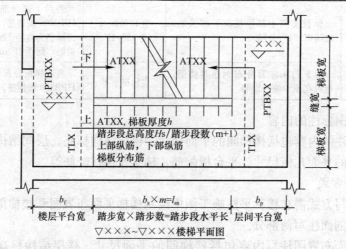

图 2-51　AT 型楼梯平面图

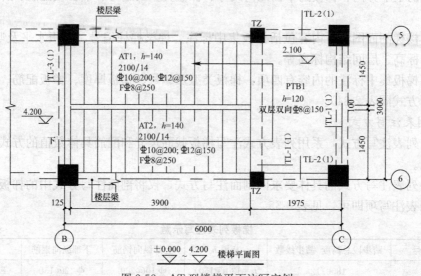

图 2-52　AT 型楼梯平面注写实例

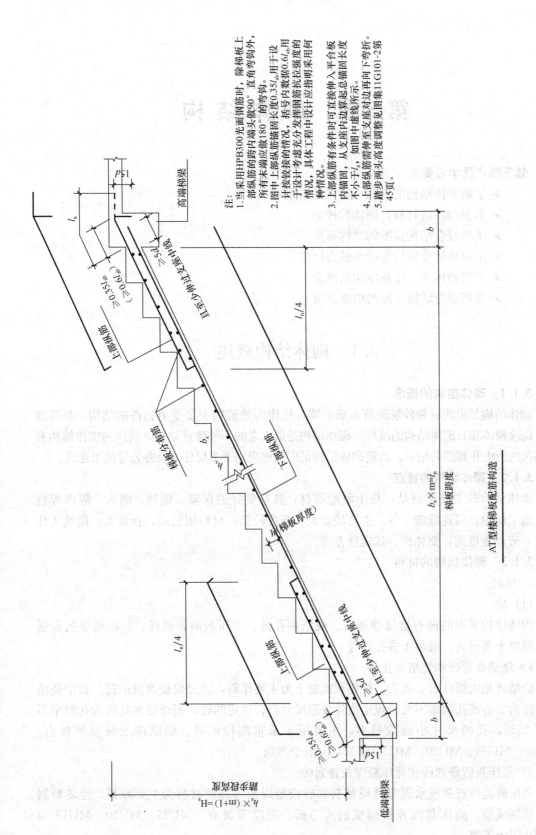

注:
1. 当采用HPB300光面钢筋时，除梯板上部纵筋的跨内端头做90°直角弯钩外，所有末端应做做180°的弯钩。
2. 图中上部纵筋锚固长度0.35l_{ab}用于设计按铰接的情况，括号内数据0.6l_{ab}用于充分发挥钢筋抗拉强度的情况，具体工程中设计应指明采用何种情况。
3. 上部纵筋有条件时可直接伸入平台板内锚固，从支座内边算起总锚固长度不小于l_a，如图中虚线所示。
4. 上部纵筋需伸至支座对边再向下弯折。
5. 踏步两头上翻高度调整见图集11G101-2第45页。

图 2-53 AT型楼板梯板配筋构造

AT型楼梯板配筋构造

第3章 砌体结构

知识要点及学习要求

➢ 了解砌体结构的概念、特点及应用
➢ 掌握砌体的材料，砌体的种类
➢ 了解混合结构房屋的结构布置
➢ 了解砌体受压构件的承载力计算
➢ 了解砌体墙、柱高厚比的概念
➢ 理解混合结构房屋的构造要求

3.1 砌体结构概述

3.1.1 砌体结构的概念

砌体结构是由块材和砂浆砌筑而成的墙、柱作为建筑物主要受力构件的结构，是砖砌体、砌块砌体和石砌体结构的统称。砌体结构是最古老的一种建筑结构，我国的砌体结构有着悠久的历史和辉煌的纪录。目前砌体结构仍广泛地应用于多层住宅及办公等民用建筑。

3.1.2 砌体结构的特点

砌体结构的主要优点是：易于就地取材；具有良好的保温、隔热、耐火、隔声等性能；施工简单，可连续施工等。主要缺点是：强度较低；材料用量多，自重大；砌筑工作量大，劳动强度高；整体性、抗震性差等。

3.1.3 砌体结构的材料

1. 块材

（1）砖

砌体结构常用的砖有烧结普通砖、烧结多孔砖、蒸压灰砂普通砖、蒸压粉煤灰普通砖、混凝土普通砖、混凝土多孔砖等。

1）烧结普通砖和烧结多孔砖

烧结砖是由煤矸石、页岩、粉煤灰或黏土为主要原料，经过焙烧而成的砖。其中烧结普通砖为实心或孔洞率不大于规定值且外形尺寸符合规定的砖，而烧结多孔砖为孔洞率不小于 25%，孔的尺寸小而数量多，主要用于承重部位的砖。烧结砖的强度等级有：MU30、MU25、MU20、MU15 和 MU10 五个等级。

2）蒸压灰砂普通砖和蒸压粉煤灰普通砖

蒸压砖是以石灰或水泥等钙质材料和砂或粉煤灰等硅质材料为主要原料，经坯料制备、压制成型、高压蒸汽养护而成的实心砖。强度等级有：MU25、MU20、MU15 和 MU10 四个等级。

3）混凝土普通砖和混凝土多孔砖

混凝土砖是以水泥为胶结材料，以砂、石为主要集料，加水搅拌、成型、养护制成的一种多孔的混凝土半盲孔砖或实心砖。其强度等级有：MU30、MU25、MU20 和 MU15 四个等级。

实心砖的主要规格尺寸为 240mm×115mm×53mm、240mm×115mm×90mm 等；多孔砖的主要规格尺寸为 240mm×115mm×90mm、240mm×190mm×90mm、190mm×190mm×90mm 等。

（2）砌块

砌块由普通混凝土或轻集料混凝土制成，空心率为 25%～50%。按尺寸大小可分为小型、中型和大型三种。我国通常把高度为 180～350mm 的砌块称为小型砌块，高度为 360～900mm 的砌块称为中型砌块，高度大于 900mm 的砌块称为大型砌块。砌块砌体中多采用的是尺寸为 390mm×190mm×190mm、空心率为 25%～50% 的小型空心砌块。混凝土砌块和轻集料混凝土砌块的强度等级有：MU20、MU15、MU10、MU7.5 和 MU5 五个等级。

（3）石材

石材按其加工后的外形规则程度可分为料石和毛石，料石又分为细料石、半细料石、粗料石和毛料石。石材的强度等级有：MU100、MU80、MU60、MU50、MU40、MU30 和 MU20 七个等级。

2. 砂浆

砂浆是由胶凝材料（水泥、石灰）和细骨料（砂）加水搅拌而成的混合材料。

砂浆的作用是将单个的块体粘结成整体并使砌体受力均匀；同时填实块体之间的缝隙，提高砌体的保温和防水性能，增强墙体抗冻性能。

（1）砂浆的种类

1）水泥砂浆

由水泥、砂和水搅拌而成，其强度高，耐久性好，但和易性差，一般用于砌筑潮湿环境中的砌体。

2）混合砂浆

混合砂浆是在水泥砂浆中掺入适量的塑化剂，如水泥石灰砂浆、水泥黏土砂浆等。这类砂浆具有一定的强度和耐久性，且和易性和保水性较好，便于施工，是一般墙、柱常用的砂浆类型。

3）非水泥砂浆

非水泥砂浆有石灰砂浆、黏土砂浆和石膏砂浆等。这类砂浆强度不高，耐久性差，只能用在受力小的砌体或简易建筑、临时性建筑中。

4）砌筑专用砂浆

砌筑专用砂浆由水泥、砂、水以及根据需要掺入的掺和料和外加剂等组分，按一定比例，采用机械拌合制成。其专门用于蒸压灰砂普通砖、蒸压粉煤灰普通砖或混凝土砌块的砌筑。

（2）砂浆的强度等级

砂浆的强度等级是由边长为 70.7mm 的立方体标准试块经标准养护后的抗压强度来确

定的。烧结砖和蒸压砖采用的普通砂浆强度等级有：M15、M10、M7.5、M5 和 M2.5；蒸压砖砌体采用的专用砌筑砂浆强度等级有：Ms15、Ms10、Ms7.5 和 Ms5；混凝土砖和混凝土砌块采用的砂浆强度等级有：Mb20、Mb10、Mb7.5 和 Mb5。

3.1.4 砌体的种类及力学性能

1. 砌体的种类

砌体按是否配有钢筋分为无筋砌体和配筋砌体；按所用材料分为砖砌体、砌块砌体和石砌体。

（1）无筋砌体

1）无筋砖砌体

由砖和砂浆砌筑而成的砌体称为砖砌体。砖砌体是应用最普遍的一种砌体，砌筑时砖应分皮错缝搭接。实心砖砌体常用的砌筑方式有一顺一丁、三顺一丁、梅花丁等，如图 3-1 所示，砖砌体的尺寸应与所用砖的规格尺寸相适应。标准砌筑的实心墙体厚度一般为 240（一砖）、370（一砖半）、490（二砖）、620（二砖半）及 740mm（三砖）等。在特殊情况下，也可按 1/4 砖长的倍数砌成 180、300、420mm 等尺寸。多孔砖则可砌成 200、240、300mm 等厚度的墙体。

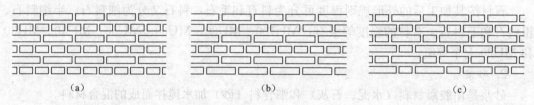

图 3-1 常用的砖砌体砌筑方式
（a）一顺一丁；（b）三顺一丁；（c）梅花丁

2）无筋砌块砌体

由砌块和砂浆砌筑而成的砌体称为砌块砌体。由于砌块的尺寸比砖大，故采用砌块砌体有利于提高劳动效率。砌块砌体应分皮错缝搭接，小型砌块上、下皮搭接长度不得小于90mm。砌筑空心砌块时，应对孔，使上、下皮砌块的肋对齐以利于传力，并且可以利用空心砌块的孔洞做成配筋芯柱，提高砌体的抗震能力。

3）无筋石砌体

由石材和砂浆（或混凝土）砌筑而成的砌体称为石砌体。其优点是能就地取材、造价低；其缺点是自重较大，隔热性能较差。石砌体分为料石砌体、毛石砌体、毛石混凝土砌体等。料石砌体和毛石砌体用砂浆砌筑，毛石混凝土砌体是在预先支好的模板内交替铺设混凝土层和毛石层。

（2）配筋砌体

在无筋砌体内配置适量的钢筋或浇筑钢筋混凝土，称为配筋砌体。配筋砌体可以提高砌体的承载力和抗震性能，扩大砌体结构的使用范围。配筋砌体分为以下四类：

1）网状配筋砖砌体是在砖柱或墙体的水平灰缝内配置一定数量的钢筋网而形成的砌体。

2）组合砖砌体是由砖砌体和钢筋混凝土面层或砂浆面层组合的砌体。

3）砖砌体和钢筋混凝土构造柱组合墙是在砖砌体中每隔一定距离设置钢筋混凝土构造柱组合的砌体。

4）配筋砌块砌体是在混凝土小型空心砌块的竖向孔洞中配置竖向钢筋，在砌块横肋凹槽中配置水平钢筋，最后以砌块为模板，采用灌芯混凝土将竖向孔洞和水平凹槽内全部灌实所形成的砌体。

2. 砌体的力学性能

砌体的强度有抗压强度、抗剪强度、抗弯强度、抗拉强度等，其中砌体的抗压强度较高，故在建筑物中主要利用砌体来承受压力。

（1）砌体的受压性能

砌体轴心受压时，其破坏过程大致是：从砌体开始受压到单块砖开裂；单块砖内裂缝不断发展，形成连续裂缝；裂缝迅速开展，竖向贯通，砌体破坏。

（2）影响砌体抗压强度的主要因素

1）块体和砂浆的强度

块体和砂浆的强度是决定砌体抗压强度的最主要因素。试验表明，块体和砂浆的强度高，砌体的抗压强度也高。相比较而言，块体强度对砌体强度的影响要大于砂浆。

2）块体的尺寸和形状

块体的尺寸、几何形状及表面平整程度对砌体抗压强度的影响较大。高度大的块体，其抗弯、抗剪及抗拉能力大，砌体的抗压强度高；块体长度较大、表面凹凸不平，都将使其受弯、受剪作用增大，从而降低砌体的强度；块体的形状越规则，表面越平整，则砌体的抗压强度越高。

3）砂浆的流动性和保水性

砂浆的流动性和保水性对砌体强度有较大的影响。砂浆的流动性和保水性好时，砂浆铺砌时易于铺平，可保证灰缝的均匀性和饱满度，可减小砌体内的复杂应力，使砌体强度提高。由于水泥砂浆的流动性和保水性较差，因此同一强度等级的混合砂浆砌筑的砌体强度要比相应纯水泥砂浆砌体高。

4）砌筑质量

砌筑质量主要表现在水平灰缝的均匀性、饱满度和合适的灰缝厚度等方面。砂浆铺砌饱满、均匀，可改善块体在砌体中的受力性能，使之较均匀地受压而提高砌体抗压强度。同时，砂浆灰缝的厚度太厚、太薄都会降低砌体强度。一般砖和小型砌块砌体的灰缝厚度应控制在 8～12mm。

（3）砌体的抗压强度

龄期为 28d 的以毛截面面积计算的各类砌体的抗压强度设计值，当施工质量控制等级为 B 级时，是根据块体和砂浆的强度等级确定的。烧结普通砖和烧结多孔砖砌体的抗压强度设计值见表 3-1。

烧结普通砖和烧结多孔砖砌体的抗压强度设计值（MPa）　　表 3-1

砖强度等级	砂浆强度等级					砂浆强度
	M15	M10	M7.5	M5	M2.5	0
MU30	3.94	3.27	2.93	2.59	2.26	1.15
MU25	3.60	2.98	2.68	2.37	2.06	1.05
MU20	3.22	2.67	2.39	2.12	1.84	0.94
MU15	2.79	2.31	2.07	1.83	1.60	0.82
MU10	—	1.89	1.69	1.50	1.30	0.67

3.2 混合结构房屋的墙与柱

混合结构房屋通常指墙、柱、基础等构件采用砌体结构，而屋盖、楼盖等构件采用钢筋混凝土结构的房屋。

3.2.1 混合结构房屋的结构布置方案

1. 横墙承重方案

由横墙直接承受楼（屋）盖竖向荷载的结构方案，称为横墙承重方案。横墙承重方案中竖向荷载的主要传递路线为：板→横墙→基础→地基。横墙承重方案的主要特点有：

（1）横墙是主要的承重墙。纵墙主要起围护、分隔室内空间和将横墙连成整体的作用。因此，横墙承重体系对纵墙上门窗位置和大小限制较少。

（2）房屋的空间刚度大，整体性好。

（3）楼（屋）盖结构简单，施工方便。

横墙承重方案适用于横墙间距较小（一般为 2.7～4.5 m）的宿舍、住宅等建筑。

2. 纵墙承重方案

由纵墙直接承受楼（屋）盖竖向荷载的结构方案，称为纵墙承重方案。纵墙承重方案中荷载分两种方式传递到纵墙上：一种是楼、屋面板直接搁置在纵墙上；另一种是楼、屋面板搁置于大梁上，大梁再搁置于纵墙上。纵墙承重方案中竖向荷载的主要传递路线为：板→大梁（或屋架）→纵墙→基础→地基。纵墙承重体系的主要特点有：

（1）纵墙是主要的承重墙。设置横墙的主要目的是为了满足房屋空间刚度和整体性的要求，因此，横墙间距可以相当大。纵墙承重体系室内空间较大，有利于灵活隔断和布置。

（2）由于纵墙承受的荷载较大，因而纵墙上门窗的位置和大小受到一定的限制。

纵墙承重体系适用于有较大空间要求的房屋，如教学楼、办公楼、食堂、仓库以及中小型工业厂房等。

3. 纵横墙承重方案

由纵墙和横墙混合承受楼（屋）盖竖向荷载的结构方案，称为纵横墙承重方案。纵横墙承重方案的荷载传递路线为：板 → $\begin{bmatrix} 纵墙 \\ 横墙 \end{bmatrix}$ →基础→地基。纵横墙承重方案的特点有：

（1）结构布置较为灵活，应用范围广。

（2）空间刚度较纵墙承重结构好。这种结构布置，横墙一般间距不太大，因而在整个结构中，横向水平地震作用完全可以由横墙承担，通常可以满足抗震要求。对纵墙而言，由于部分是承重的，从而也增强了墙体的抗剪能力，对整个结构承担纵向地震作用也是有利的。

（3）抗震性能介于前述 2 种承重结构之间。

4. 内框架承重方案

内框架承重方案是内部为钢筋混凝土梁柱组成的框架承重，外墙为砌体承重的混合承重方案。内框架承重方案房屋有以下特点：

（1）房屋开间大，平面布置较为灵活，容易满足使用要求。

（2）周边采用砌体承重，与全框架结构相比，可节省钢材和水泥。

（3）由于全部或部分取消内墙，横墙较少，房屋的空间刚度较差，抗震性能欠佳。

（4）施工工序较多，影响施工进度。

内框架砌体结构适宜于轻工业、仪器仪表工业车间等，也适用于民用建筑中的多层商业用房。

3.2.2 混合结构房屋的静力计算方案

混合结构房屋是一个空间受力体系，各承载构件共同承受作用在房屋上的各种荷载作用。应根据房屋空间工作性能不同，分别确定其静力计算方案。《砌体结构设计规范》GB 50003—2011 中为方便计算，主要考虑楼（屋）盖类型和横墙间距，按房屋空间刚度的大小分为刚性方案、弹性方案和刚弹性方案，可按表 3-2 确定静力计算方案。刚性方案是按楼盖、屋盖作为水平不动铰支座对墙、柱进行静力计算的方案；刚弹性方案是按楼盖、屋盖与墙、柱为铰接，考虑空间工作的排架或框架，对墙、柱进行静力计算的方案；弹性方案是按楼盖、屋盖与墙、柱为铰接，不考虑空间工作的平面排架或框架，对墙、柱进行静力计算的方案。其中刚性方案的房屋刚性最大，稳定性最好；刚弹性方案次之；弹性方案房屋的刚性最小，稳定性最差。

房屋静力计算方案   表 3-2

	屋盖或楼盖类别	刚性方案	刚弹性方案	弹性方案
1	整体式、装配整体式和装配式无檩体系钢筋混凝土屋盖或钢筋混凝土楼盖	$S<32$	$32{\leqslant}S{\leqslant}72$	$S>72$
2	装配式有檩体系钢筋混凝土屋盖、轻钢屋盖和有密铺望板的木屋盖或木楼盖	$S<20$	$20{\leqslant}S{\leqslant}48$	$S>48$
3	瓦材屋面的木屋盖和轻钢屋盖	$S<16$	$16{\leqslant}S{\leqslant}36$	$S>36$

注：表中 S 为房屋横墙间距，单位为 m。

3.2.3 砌体受压构件的承载力计算

砌体受压构件的承载力应按下式计算：

$$N \leqslant \varphi f A$$

式中　N——轴向力设计值；

　　　　φ——高厚比 β 和轴向力的偏心距 e 对受压构件承载力的影响系数；

　　　　f——砌体的抗压强度设计值；

　　　　A——截面面积，对各类砌体均应按毛截面计算。

对矩形截面构件，当轴向力偏心方向的截面边长大于另一方向的边长时，除按偏心受压计算外，还应对较小边长方向，按轴心受压进行验算。

3.2.4 墙、柱的高厚比

砌体结构房屋中的墙、柱作为受压构件，除了必须满足承载力要求之外，还必须进行高厚比验算以保证其稳定性。《砌体结构设计规范》规定用验算高厚比的方法来进行墙柱的稳定性验算，其目的是防止墙柱在施工期间出现轴线偏差过大，从而保证施工安全；也可防止墙柱在使用期间出现侧向挠曲变形过大，从而保证结构具有足够的刚度。

1. 高厚比 β

墙、柱的高厚比是指砌体墙、柱的计算高度与规定厚度的比值。规定厚度：对墙取墙厚，对柱取对应的边长，对带壁柱墙取截面的折算厚度。高厚比用 β 表示，即 $\beta=H_0/h$。

β越大，稳定性越差。

2. 允许高厚比 [β]

《砌体结构设计规范》规定，墙、柱的允许高厚比 [β] 见表3-3。当墙柱的高厚比超过了允许高厚比时，则认为构件不稳定。

墙、柱的允许高厚比 [β]　　　　　　　　　表 3-3

砌体类型	砂浆强度等级	墙	柱
无筋砌体	M2.5	22	15
	M5.0 或 Mb5.0、Ms5.0	24	16
	≥M7.5 或 Mb7.5、Ms7.5	26	17
配筋砌块砌体	——	30	21

3. 墙、柱的高厚比验算

墙、柱的高厚比应按下式验算：

$$\beta = H_0/h \leqslant \mu_1\mu_2[\beta]$$

式中　H_0——墙、柱的计算高度；

h——墙厚或矩形柱与 H_0 相对应的边长；

μ_1——自承重墙允许高厚比的修正系数；

μ_2——有门窗洞口墙允许高厚比的修正系数；

[β]——墙、柱的允许高厚比，应按表3-3采用。

3.3　混合结构构造

3.3.1　墙、柱的一般构造要求

砌体结构房屋墙、柱除应满足承载力计算和高厚比验算的要求外，还应满足下述构造要求。

1. 预制钢筋混凝土板在混凝土圈梁上的支承长度不应小于80mm，板端伸出的钢筋应与圈梁可靠连接，且同时浇筑；预制钢筋混凝土板在墙上的支承长度不应小于100mm，并应按下列方法进行连接：

（1）板支承于内墙时，板端钢筋伸出长度不应小于70mm，且与支座处沿墙配置的纵筋绑扎，用强度等级不应低于C25的混凝土浇筑成板带；

（2）板支承于外墙时，板端钢筋伸出长度不应小于100mm，且与支座处沿墙配置的纵筋绑扎，并用强度等级不应低于C25的混凝土浇筑成板带；

（3）预制钢筋混凝土板与现浇板对接时，预制板端钢筋应伸入现浇板中进行连接后，再浇筑现浇板。

2. 墙体转角处和纵横墙交接处应沿竖向每隔400～500mm 设拉结钢筋，其数量为每120mm墙厚不少于1根直径6mm的钢筋；或采用焊接钢筋网片，埋入长度从墙的转角或交接处算起，对实心砖墙每边不小于500mm，对多孔砖墙和砌块墙不小于700mm。

3. 填充墙、隔墙应分别采取措施与周边主体结构构件可靠连接，连接构造和嵌缝材料应能满足传力、变形、耐久和防护要求。

4. 在砌体中留槽洞及埋设管道时，不应在截面长边小于500mm的承重墙体、独立柱内埋设管线；不宜在墙体中穿行暗线或预留、开凿沟槽，当无法避免时应采取必要的措施

或按削弱后的截面验算墙体的承载力。

5. 承重的独立砖柱截面尺寸不应小于240mm×370mm。毛石墙的厚度不宜小于350mm，毛料石柱较小边长不宜小于400mm。当有振动荷载时，墙、柱不宜采用毛石砌体。

6. 支承在墙、柱上的吊车梁、屋架及跨度大于或等于下列数值的预制梁的端部，应采用锚固件与墙、柱上的垫块锚固：①对砖砌体为9m；②对砌块和料石砌体为7.2m。

7. 跨度大于6m的屋架和跨度大于下列数值的梁，应在支承处砌体上设置混凝土或钢筋混凝土垫块；当墙中设有圈梁时，垫块与圈梁宜浇成整体：①对砖砌体为4.8m；②对砌块和料石砌体为4.2m；③对毛石砌体为3.9m。

8. 当梁跨度大于或等于下列数值时，其支承处宜加设壁柱或采取其他加强措施：①对240mm厚的砖墙为6m；对180mm厚的砖墙为4.8m；②对砌块、料石墙为4.8m。

9. 山墙处的壁柱或构造柱宜砌至山墙顶部，且屋面构件应与山墙可靠拉结。

10. 砌块砌体的构造要求如下：

(1) 砌块砌体应分皮错缝搭砌，上下皮搭砌长度不应小于90mm。当搭砌长度不满足上述要求时，应在水平灰缝内设置不小于2根直径不小于4mm的焊接钢筋网片（横向钢筋的间距不应大于200mm，网片每端应伸出该垂直缝不小于300mm）。

(2) 砌块墙与后砌隔墙交接处，应沿墙高每400mm在水平灰缝内设置不少于2根直径不小于4mm、横筋间距不应大于200mm的焊接钢筋网片，如图3-2所示。

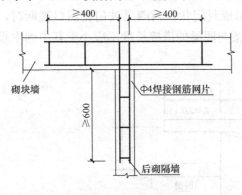

图3-2 砌块墙与后砌隔墙交接处钢筋网片

(3) 混凝土砌块房屋，宜将纵横墙交接处，距墙中心线每边不小于300mm范围内的孔洞，采用不低于Cb20混凝土沿全墙高灌实。

(4) 混凝土砌块墙体的下列部位，如未设圈梁或混凝土垫块，应采用不低于Cb20混凝土将孔洞灌实：搁栅、檩条和钢筋混凝土楼板的支承面下，高度不应小于200mm的砌体；屋架、梁等构件的支承面下，长度不应小于600mm，高度不应小于600mm的砌体；挑梁支承面下，距墙中心线每边不应小于300mm，高度不应小于600mm的砌体。

3.3.2 圈梁、过梁、挑梁和构造柱

1. 圈梁

在房屋的檐口、窗顶、楼层、吊车梁顶或基础顶面标高处，沿砌体墙水平方向设置封闭状的按构造配筋的混凝土梁式构件，称为圈梁（代号为QL）。

(1) 圈梁的作用

圈梁的作用是增加房屋的整体刚度，防止由于地基不均匀沉降或较大振动荷载等对房屋引起的不利影响。跨过门窗洞口的圈梁，还可兼作过梁。在考虑地基不均匀沉降时，圈梁以设置在基础顶面和房屋檐口部位起的作用最大。如果房屋沉降中间较大，两端较小时，基础顶面的圈梁作用最大；如果房屋沉降中间较小，两端较大时，则位于檐口部位的圈梁作用最大。

（2）圈梁的设置原则

1）厂房、仓库、食堂等空旷单层房屋应按下列规定设置圈梁：

① 砖砌体结构房屋，檐口标高为5～8m时，应在檐口标高处设置圈梁一道；檐口标高大于8m时，应增加设置数量。

② 砌块及料石砌体房屋，檐口标高为4～5m时，应在檐口标高处设置圈梁一道，檐口标高大于5m时，应增加设置数量。

③ 对有吊车或较大振动设备的单层工业房屋，当未采取有效隔振措施时，除在檐口或窗顶标高处设置现浇钢筋混凝土圈梁外，尚应增加设置数量。

2）多层砌体工业与民用建筑应按下列规定设置圈梁：

① 住宅、办公楼等多层砌体民用房屋，且层数为3～4层时，应在底层和檐口标高处各设置一道圈梁。当层数超过4层时，除应在底层和檐口标高处各设置一道圈梁外，至少应在所有纵、横墙上隔层设置。

② 多层砌体工业房屋，应每层设置现浇钢筋混凝土圈梁。

③ 设置墙梁的多层砌体房屋应在托梁、墙梁顶面和檐口标高处设置现浇钢筋混凝土圈梁。

3）建筑在软弱地基或不均匀地基上的砌体房屋，除按本节规定设置圈梁外，尚应符合现行国家标准《建筑地基基础设计规范》GB 50007的有关规定。

（3）圈梁的构造要求

1）圈梁宜连续地设在同一水平面上，并形成封闭状；当圈梁被门窗洞口截断时，应在洞口上部增设相同截面的附加圈梁。附加圈梁与圈梁的搭接长度不应小于其中到中垂直间距的2倍，且不得小于1m，如图3-3所示。

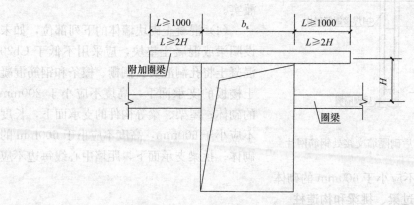

图3-3　附加圈梁

2）纵、横墙交接处的圈梁应有可靠的连接。刚弹性和弹性方案房屋，圈梁应与屋架、大梁等构件可靠连接。

3）混凝土圈梁的宽度宜与墙厚相同，当墙厚 $h \geq 240$mm 时，其宽度不宜小于墙厚的2/3。圈梁高度不应小于120mm。纵向钢筋数量不应少于4根，直径不应小于10mm，绑扎接头的搭接长度按受拉钢筋考虑，箍筋间距不应大于300mm。

4）圈梁兼作过梁时，过梁部分的钢筋应按计算面积另行增配。

5）采用现浇混凝土楼（屋）盖的多层砌体结构房屋，当层数超过5层时，除应在檐口标高处设置一道圈梁外，可隔层设置圈梁，并应与楼（屋）面板一起现浇。未设置圈梁的楼面板嵌入墙内的长度不应小于 120mm，并沿墙长配置不少于 2 根直径 10mm 的纵向钢筋。

2. 过梁

设置在门窗洞口上的梁称为过梁（代号为 GL）。过梁的作用是承受门窗洞口上部墙体及梁、板传来的荷载，并将这些荷载传递到两边的窗间墙上。常见的过梁有混凝土过梁和砖砌过梁。砖砌过梁又可分为砖砌平拱过梁和钢筋砖过梁。砖砌平拱过梁的跨度不应超过 1.2m；钢筋砖过梁不应超过 1.5m；对有较大振动荷载或可能产生不均匀沉降的房屋，应采用钢筋混凝土过梁。常见的过梁类型如图 3-4 所示。

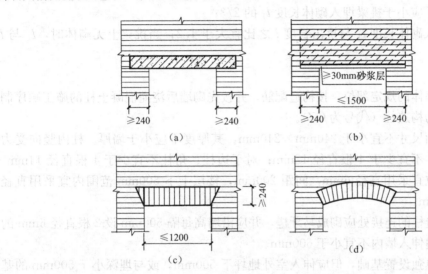

图 3-4 过梁类型

（a）钢筋混凝土过梁；（b）钢筋砖过梁；（c）砖砌平拱过梁；（d）砖砌弧拱过梁

（1）钢筋混凝土过梁

钢筋混凝土过梁按受弯构件设计，多采用预制过梁，也可根据需要现浇。混凝土过梁端部在墙上的支承长度不宜小于 240mm。

（2）砖砌过梁

砖砌过梁的构造应符合下列规定：

1）砖砌过梁截面计算高度内的砂浆不宜低于 M5（Mb5、Ms5）。

2）砖砌平拱用竖砖砌筑部分的高度不应小于 240mm。

3）钢筋砖过梁底面砂浆层处的钢筋，其直径不应小于 5mm，间距不宜大于 120mm，钢筋伸入支座砌体内的长度不宜小于 240mm，砂浆层的厚度不宜小于 30mm。

3. 挑梁

挑梁（代号为 TL）是嵌固在砌体中的悬挑式钢筋混凝土梁，如图 3-5 所示。一般指房屋中的阳台挑梁、雨篷挑梁或外廊挑梁。

挑梁是一种悬挑构件，它除了要进行抗倾覆验算及挑梁下方砌体局部受压承载力验算外，还应按钢筋混凝土受弯、受剪构件分别计算挑梁的纵筋和箍筋。此外，还要满足下列要求：

（1）纵向受力钢筋至少应有 1/2 的钢筋面积伸入梁尾端，且不少于 2Φ12。其余钢筋

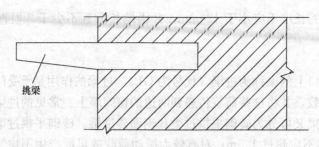

图 3-5　挑梁

伸入支座的长度不应小于挑梁埋入砌体长度 l_1 的 2/3；

（2）挑梁埋入砌体长度 l_1 与挑出长度 l 之比宜大于 1.2；当挑梁上无砌体时，l_1 与 l 之比宜大于 2。

4. 构造柱

在砌体房屋墙体的规定部位，按构造配筋，并按先砌墙后浇灌混凝土柱的施工顺序制成的混凝土柱称为构造柱（代号为 GZ）。

构造柱的截面尺寸不宜小于 240mm×240mm，其厚度不应小于墙厚。柱内竖向受力钢筋，对于中柱，不宜少于 4 根直径 12mm；对于边柱、角柱不宜少于 4 根直径 14mm。其箍筋，一般部位宜采用直径 6mm，间距 200mm，楼层上下 500mm 范围内宜采用直径 6mm，间距 100mm。

砖砌体与构造柱的连接处应砌成马牙槎，并应沿墙高每隔 500mm 设 2 根直径 6mm 的拉结钢筋，且每边伸入墙内不宜小于 600mm。

构造柱可不单独设置基础，但应伸入室外地坪下 500mm，或与埋深小于 500mm 的基础梁相连。

第4章 钢 结 构

知识要点及学习要求

➢ 了解钢结构的概念、特点及应用
➢ 掌握建筑钢材的品种、规格和表示方法
➢ 理解焊接连接和螺栓连接的形式与构造要求
➢ 掌握焊缝和螺栓的标注方法
➢ 了解钢屋架的形式和钢屋盖的结构组成与结构布置
➢ 掌握钢结构施工图的识读方法

4.1 钢结构概述

4.1.1 钢结构的概念

用钢材制作而成的承重构件或承重结构统称为钢结构。钢结构由型钢和钢板等制成的钢梁、钢柱、钢桁架等构件组成；各构件或部件之间采用焊缝、螺栓或铆钉连接，是主要的建筑结构类型之一。

4.1.2 钢结构的特点

1. 强度高，结构自重轻。

2. 塑性，韧性好，材质均匀，结构可靠性高。

3. 制造安装机械化程度高，施工快捷。

4. 密封性能好。

5. 可以重复使用，建造和拆除对环境污染较少。

6. 耐热不耐火。

7. 耐腐蚀性差。

4.1.3 建筑钢材的品种及规格

1. 钢材的品种与选用

（1）碳素结构钢

碳素结构钢的牌号表示方法由代表屈服强度的字母 Q、屈服强度数值、质量等级符号、脱氧方法符号等四部分按顺序组成。

其中 Q 是"屈"字汉语拼音的首位字母，屈服点数值（以 N/mm^2 为单位）分为 195、215、235、255、275；质量等级符号分为 A、B、C、D 四级，表示质量由低到高；脱氧方法代号 F、b、Z、TZ 分别表示沸腾钢、半镇静钢、镇静钢、特殊镇静钢，其中代号 Z、TZ 可省略不写。例如：Q235A·F 表示屈服强度为 235N/mm²，质量等级为 A 级的沸腾钢。

（2）低合金高强度结构钢

低合金高强度结构钢是在普通碳素钢中添加一种或几种少量的合金元素（总含量一般不超过5%），以提高其强度、耐腐蚀性、低温冲击韧性等。《低合金高强度结构钢》GB/T 1591—2008规定，低合金高强度结构钢全部为镇静钢或特殊镇静钢，所以它的牌号就只由Q、屈服点数值及质量等级三部分组成，其中屈服点数值（以N/mm²为单位）分为295、345、390、420、460五个等级；质量等级有A～E五个级别。

2. 钢材的规格

钢结构所用钢材主要有热轧成型的钢板、型钢以及薄壁型钢。

根据国家标准，我国钢结构中常用的钢板及型钢有下列几种规格，如图4-1所示。

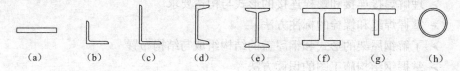

图4-1 热轧钢板、型钢的截面形式
(a) 钢板；(b) 等边角钢；(c) 不等边角钢；(d) 槽钢；
(e) 工字钢；(f) H型钢；(g) T型钢；(h) 钢管

（1）热轧钢板

热轧钢板分为厚钢板（厚度4.5～60mm）、薄钢板（厚度0.35～4mm）和扁钢（厚度4～60mm）三种。钢板的表示方法为："—宽度×厚度×长度"，单位是mm，如—800×12×2100，表示宽度为800mm，厚度为12mm，长度为2100mm的钢板。

（2）热轧型钢

1）角钢

角钢由两个互相垂直的肢组成，有等肢角钢和不等肢角钢两种。等肢角钢的表示方法为："∟肢宽×肢厚"，单位是mm。如∟100×10表示肢宽100mm，厚10mm的等肢角钢。不等肢角钢的表示方法为："∟长肢宽×短肢宽×肢厚"。如∟100×80×8表示长肢宽100mm，短肢宽80mm，厚8mm的不等肢角钢。

2）槽钢

槽钢的代号为"["。其型号以代号和截面高度的厘米数表示，如[16。截面高度相同的槽钢，如有几种不同的腹板厚度和翼缘宽度，需在型号后面加a、b、c予以区别，如[20a、[20b等。

3）工字钢

工字钢的代号为"工"，其表示方法与热轧槽钢类似。

4）H型钢和热轧剖分T型钢

H型钢有宽翼缘（代号HW）、中翼缘（代号HM）和窄翼缘（代号HN）。表达方式为："高度×宽度×腹板厚度×翼缘厚度"。剖分T型钢是由H型钢剖分而成，其代号与H型钢相应采用TW、TM、TN，其表示方法与H型钢相同。

5）钢管

钢管分为无缝钢管及焊接钢管两种。以"Φ外径×厚度"表示，单位为mm。

（3）冷弯薄壁型钢和压型钢板

冷弯薄壁型钢（图 4-2a～i）是由厚度为 1.5～5mm 的钢板经冷弯或模压制成，其截面各部分厚度相同，转角处均呈圆弧形。压型钢板（图 4-2j）是薄壁型钢的另一种形式，用厚度为 0.4～1.6mm 的薄钢板、镀锌钢板或彩色涂层钢板压制而成。

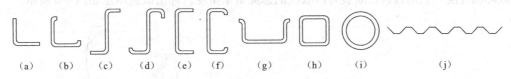

(a)　　(b)　　(c)　　(d)　　(e)　　(f)　　(g)　　(h)　　(i)　　　　(j)

图 4-2　薄壁型钢截面形式

4.1.4　建筑钢材的力学性能

1. 钢材的力学性能

钢材的力学性能是衡量钢材质量的重要依据，其指标包括屈服点、抗拉强度、伸长率、冷弯性能和冲击韧性等，须经拉伸、冷弯和冲击试验分别测定。

图 4-3 为低碳钢在常温、静载条件下，单向拉伸试验时得到的应力-应变曲线。拉伸试验提供三项力学性能指标：屈服点、抗拉强度和伸长率。

（1）屈服点

钢材的屈服点 f_y 是衡量结构的承载力和确定强度设计值的指标。如图 4-3 所示，当应力达到屈服点（a 点）之后，钢材便产生了较大且明显的应变（a～b 段），使结构的变形迅速增加而不能继续使用。因而设计时取屈服点 f_y 作为确定钢材强度设计值的依据。

（2）抗拉强度

抗拉强度 f_u 是应力-应变曲线上的最高点（c 点）对应的应力值，它虽然在强度计算中不直接采用，但可以反映钢材达到屈服点后的强度储备，是抵抗塑性破坏的重要指标。

（3）伸长率

伸长率是应力-应变曲线中最大的应变值。伸长率能反映钢材断裂前经受变形的能力，是衡量钢材塑性的重要指标，是钢材冷加工的保证条件。伸长率用试件（图 4-4）被拉断时的最大伸长值（塑性变形值）与原标距之比的百分数 $(l_1-l_0)/l_0 \times 100\%$ 表示。

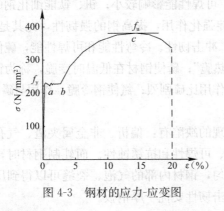

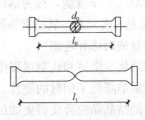

图 4-3　钢材的应力-应变图　　　　图 4-4　钢材的拉伸试件

（4）冷弯性能

冷弯试验如图 4-5 所示，用具有一定弯心直径 d 的冲头，在常温下将试件弯曲180°，以试件外表面无裂纹或分层为合格。冷弯性能是衡量钢材在常温下冷加工产生塑性变形时，对裂纹的抵抗能力，也是判别钢材质量的综合指标。

（5）冲击韧性

钢材在动力荷载作用下的破坏是脆性断裂，冲击韧性是衡量钢材承受动力荷载时抵抗脆性破坏的性能。它用材料在断裂时所吸收的总能量来量度。冲击试验示意如图4-6所示。

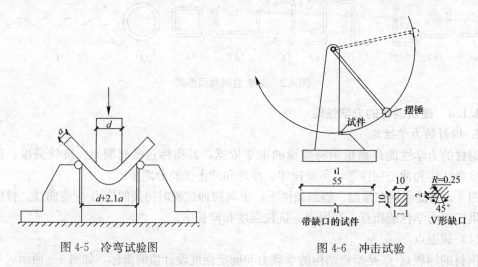

图4-5　冷弯试验图　　　　　　　　图4-6　冲击试验

2. 影响钢材力学性能的主要因素

（1）化学成分

钢材的基本化学元素是铁，碳素结构钢由铁、碳及其他元素组成，其中，铁占99%，碳及其他元素仅占1‰左右。其他元素包括硅（Si）、锰（Mn）、硫（S）、磷（P）、氧（O）、氮（N）等。低合金钢中除上述元素外，还有其他合金元素，约占3%，如铜（Cu）、钒（V）、钛（Ti）、铌（Nb）、铬（Cr）、镍（Ni）、钼（Mo）等。碳和其他元素所占比例虽然不大，却对钢材性能起决定性作用。

碳含量增加可以提高钢材的屈服强度和抗拉强度，但塑性、冲击韧性下降，冷弯性能、可焊性能和抗锈蚀性能都明显恶化；硅和锰是炼钢的脱氧剂，含量适量时可有效地提高钢材的强度，而对塑性、冲击韧性、冷弯性能、可焊性能影响较小；钒、钛能细化钢的晶粒，提高钢的韧性；铬、镍、钼能发挥微合金沉淀强化作用，提高钢的强韧性，尤其是低温韧性；硫和磷是有害元素，它们降低钢材的塑性、冲击韧性、冷弯性能和可焊性能，硫使钢材在高温（800～1000℃）下变脆，称为钢材的"热脆"；磷使钢材在低温时变脆，称为钢材的"冷脆"；氧和氮是有害元素，氧使钢热脆，其作用比硫剧烈；氮使钢冷脆，作用与磷相似。

（2）钢材的冶炼和轧制

钢材在冶炼、浇铸和轧制过程中常出现的缺陷有：偏析、非金属夹渣、气孔、裂纹和分层。上述缺陷降低了钢材的塑性、韧性、可焊性和抗锈蚀性。而轧制钢材时，在压力作用下，钢材的结晶晶粒会变得更加细密均匀，钢材内部的气泡、裂缝可以得到压合。因此较薄的钢板由于辊轧次数多，其强度及冲击韧性要优于厚钢板。

（3）钢材的硬化

钢材在常温下加工叫冷加工，如冷拉、冷弯、冲孔、机械剪切等。冷加工的工序使钢材产生很大的塑性变形，受荷时将使强度提高，塑性降低，这种现象称为冷加工硬化（应变硬化）。时效硬化是指钢材随时间的增长而强度提高，塑性和韧性下降的现象。此外应变时效是指应变硬化后再加时效硬化。

（4）温度

随着温度升高，钢材的强度降低，变形增大。温度在200℃以内钢材性能没有很大变化；超过200℃，尤其是在430～540℃之间，强度急剧下降；600℃时强度很低丧失承载能力。在负温度范围，随着温度降低，钢材的强度略有提高，而塑性和韧性降低，材料逐渐变脆。当温度下降到某一温度区时，材料会出现低温脆断现象。

（5）应力集中

应力集中是指受力构件由于外界因素或自身因素几何形状、外形尺寸发生突变而引起局部范围内应力显著增大的现象。在钢构件中，常存在孔洞、缺口、凹槽，采用变厚度或变宽度的截面形式及各种因素造成的内部或表面的裂纹等部位，致使应力曲线曲折、密集，局部将出现应力高峰，而距这些部位较远处应力较低，应力分布很不均匀，出现了应力集中。应力集中改变了钢材的塑性，使其变脆，是引起脆性破坏的根源。

4.2　钢结构的连接与钢结构构件

钢结构是由若干基本构件通过连接组成的整体结构，而基本构件也需由钢板或型钢通过连接进行组合，使其能够共同工作。钢结构的连接方法有焊接连接、螺栓连接和铆钉连接三种（图4-7），其中焊接连接和螺栓连接在当前钢结构的连接中应用广泛。

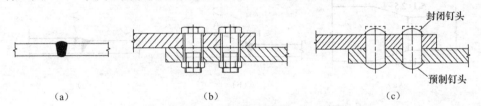

图 4-7　钢结构的连接方法
（a）焊缝连接；（b）螺栓连接；（c）铆钉连接

4.2.1　焊接连接

1. 焊缝的形式

焊缝的基本形式有两种：对接焊缝和角焊缝，如图4-8所示。

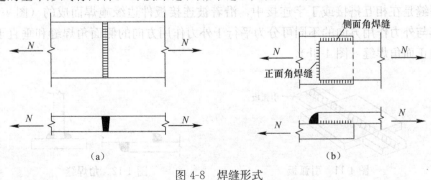

图 4-8　焊缝形式
（a）对接焊缝；（b）角焊缝

2. 焊缝的构造

(1) 对接焊缝的构造

采用对接焊缝时，板件边缘需加工成各种形式的坡口。常用的坡口形式如图 4-9 所示。

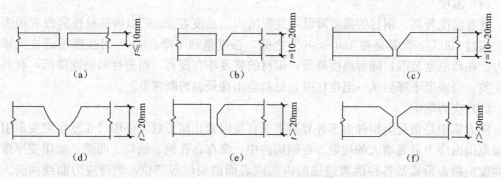

图 4-9　对接焊缝坡口形式

(a) 直边缝；(b) 单边 V 形缝；(c) 双边 V 形缝；(d) U 形缝；(e) K 形缝；(f) X 形缝

当对接焊缝拼接处的焊件宽度不同或厚度相差超过规定值时，应将较宽或较厚的板件加工成坡度不大于 1:2.5 的斜坡（图 4-10a、b）或直接使焊缝表面形成斜坡（图 4-10c）。Δt 的取值规定为：当较薄焊件厚度 $t = 5 \sim 9$mm 时，$\Delta t = 2$mm；$t = 10 \sim 12$mm 时，$\Delta t = 3$mm；$t > 12$mm 时，$\Delta t = 4$mm。

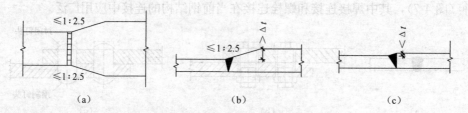

图 4-10　不同宽度或厚度的钢板对接

对接焊缝施焊时的起点和终点，常因不能焊透而出现凹陷的焊口。为避免受力后出现裂纹及应力集中，施焊时应设置引弧板（图 4-11），焊后将引弧板切除。

(2) 角焊缝的构造

角焊缝是在相互搭接或丁字连接中，沿着被连接板件边缘施焊而成的（图 4-12）。角焊缝按其与外力作用方向的不同可分为平行于外力作用方向的侧面角焊缝和垂直于外力作用方向的正面角焊缝（图 4-8b）。

图 4-11　引弧板　　　　　　　　　图 4-12　角焊缝

角焊缝按两焊脚边的夹角分为直角角焊缝和斜角角焊缝两种。按其截面形式可分为普通型、平坦型和凹面型三种（图4-13）。钢结构中，最常用的是如图4-13（a）所示的普通直角角焊缝。

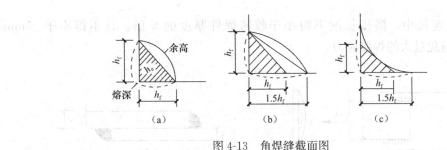

图4-13　角焊缝截面图

直角角焊缝的直角边称为焊脚尺寸，其中较小的焊脚尺寸以 h_f 表示。为了保证焊缝的焊接质量，角焊缝应采用适宜的焊脚尺寸。《钢结构设计规范》对角焊缝的焊脚尺寸和焊缝长度均提出了要求：

1）最小焊脚尺寸

$$h_{fmin} \geqslant 1.5 \sqrt{t_{max}}$$

式中：t_{max} 为较厚焊件的厚度（mm）。

2）最大焊脚尺寸

$$h_{fmax} \leqslant 1.2 t_{min}$$

式中：t_{min} 为较薄焊件的厚度（mm）。对板件边缘施焊的角焊缝，当板件厚度 $t \leqslant 6$mm 时，$h_{fmax} \leqslant t$；当 $t > 6$mm 时，$h_{fmax} \leqslant t - （1 \sim 2）$ mm。

3）角焊缝的计算长度不得小于 $8h_f$ 和40mm。

4）侧面角焊缝的最大计算长度不宜大于 $60h_f$，当大于上述数值时，其超过部分在计算中不予考虑；若内力沿侧面角焊缝全长分布时则不受此限制。

5）杆件与节点板的连接焊缝一般宜采用两面侧焊，也可用三面围焊；对角钢杆件还可采用L形围焊（图4-14）。所有围焊的转角处必须连续施焊。当角焊缝的端部位于构件转角处时，可连续地做长度为 $2h_f$ 的绕角焊。

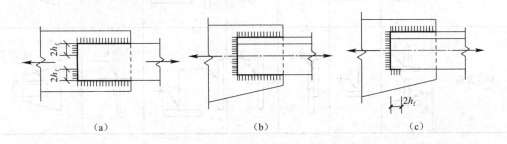

图4-14　杆件与节点板的焊缝连接
（a）两面侧焊；（b）三面围焊；（c）L形围焊

6) 在搭接连接中，当板件仅有两条侧面角焊缝连接时（图 4-15），为避免板件应力过于不均匀，应使 $l_w \geqslant b$；同时为避免焊缝横向收缩引起板件发生过大拱曲，应使 $b <$ $16t$（当 $t > 12$mm 时）或 200mm（当 $t \leqslant 12$mm 时），t 为较薄焊件的厚度，否则应加焊端缝。

7) 在搭接连接中，搭接长度不得小于较薄焊件厚度的 5 倍，且不得小于 25mm（图 4-16），以避免过大的焊接应力。

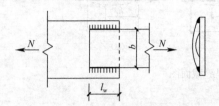
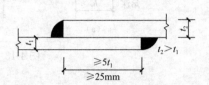

图 4-15　侧焊缝间距的构造要求　　　　　图 4-16　搭接长度要求

3. 焊缝代号及标注方法

焊缝代号由引出线、图形符号和辅助符号三部分组成。

（1）引出线由横线、斜线和箭头组成。横线的上面或下面用来标注符号和尺寸，斜线及箭头将整个焊缝符号指到图形上的有关焊缝处。

（2）图形符号表示焊缝剖面的基本形式。

（3）辅助符号表示焊缝的辅助要求。

表 4-1 中列出了部分常用的焊缝代号。

焊　缝　代　号　　　　　　　　　　表 4-1

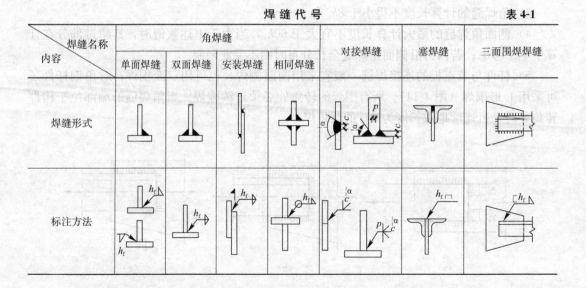

内容　　焊缝名称	角焊缝				对接焊缝	塞焊缝	三面围焊焊缝
	单面焊缝	双面焊缝	安装焊缝	相同焊缝			
焊缝形式							
标注方法							

4.2.2　螺栓连接

1. 螺栓连接的种类

螺栓连接分为普通螺栓连接和高强度螺栓连接两种。

2. 普通螺栓连接

（1）普通螺栓的规格

钢结构采用的普通螺栓形式为大六角头型，其代号用字母 M 与公称直径的毫米数表示。其常用规格有 M16、M20 及 M24。

（2）普通螺栓的排列

螺栓的排列形式有并列和错列两种（图 4-17），螺栓排列时应考虑下列要求：

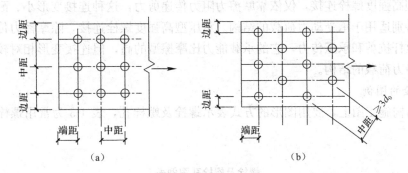

图 4-17　螺栓的排列形式

(a) 并列；(b) 错列

1）受力要求。螺栓排列间距不宜过大或过小：端距过小，则钢板端部易被剪断；中距过大，则受压时钢材易弯曲鼓起。

2）构造要求。螺栓间距过大，构件接触面不够紧密，潮气易侵入缝隙引起钢板锈蚀。

3）施工要求。螺栓间距过小时，不利于扳手操作。

（3）普通螺栓的构造要求

1）每一杆件在节点上以及拼接接头的一端，永久性的螺栓数不宜少于 2 个。对组合构件的缀条，其端部连接可采用 1 个螺栓。

2）螺栓或铆钉的最大、最小容许距离，见表 4-2。

螺栓或铆钉最大、最小容许距离　　表 4-2

名　称	位置和方向		最大容许距离	最小容许距离
中心间距	任意方向	外排	$8d_0$ 或 $12t$	$3d_0$
		中间排　构件受压力	$12d_0$ 或 $18t$	
		中间排　构件受拉力	$16d_0$ 或 $24t$	
中心至构件边缘距离	顺内力方向			$2d_0$
	垂直内力方向　切割边		$4d_0$ 或 $8t$	$1.5d_0$
	垂直内力方向　轧制边　高强度螺栓			$1.5d_0$
	垂直内力方向　轧制边　其他螺栓或铆钉			$1.2d_0$

3）C 级螺栓宜用于沿其杆轴方向受拉的连接，在承受静力荷载或间接承受动力荷载结构中的次要连接、承受静力荷载的可拆卸结构的连接和临时固定构件用的安装连接时也可用于受剪连接。

4) 对直接承受动力荷载的普通螺栓受拉连接应采用双螺帽或其他能防止螺帽松动的有效措施。

5) 沿杆轴方向受拉的螺栓连接中的端板，应适当增强其刚度，以减少撬力对螺栓抗拉承载力的不利影响。

3. 高强度螺栓连接简介

高强度螺栓一般常用性能等级为 8.8 级和 10.9 级。其分为摩擦型和承压型两种类型。

摩擦型高强度螺栓连接，仅依靠摩擦力阻力传递剪力，这种连接变形小、耐疲劳、安装方便，特别适用于承受动力荷载的结构。承压型高强度螺栓连接，除摩擦力传力外，还可利用螺栓杆抗剪和承压传力，它的承载能力比摩擦型的高，但连接变形相对较大，仅适用于承受静力荷载的结构。

4. 螺栓的图例

在钢结构施工图上，要用图形的方式表示螺栓及螺栓孔，表 4-3 为常用螺栓、螺栓孔图例。

螺栓及螺栓孔图例表 表 4-3

名称	永久螺栓	高强度螺栓	安装螺栓	圆形螺栓孔	长圆形螺栓孔
图例					

4.2.3 常见的钢结构构件

1. 轴心受力构件

轴心受力构件是指只承受通过截面形心的轴向力作用的构件，分为轴心受拉构件和轴心受压构件。它们广泛应用于各种平面和空间桁架、网架、塔架和支撑等杆件体系结构中。这类结构通常假设其节点为铰接连接，当无节间荷载作用时，只受轴向拉力和压力的作用。轴心受压构件也常用作支承其他结构的承重柱，如工业建筑的工作平台支柱等。图 4-18 为轴心受力构件在工程中应用的一些实例。

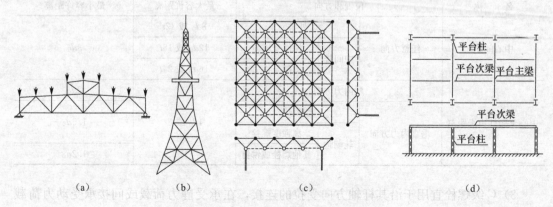

图 4-18 轴心受力构件在工程中的应用
(a) 桁架；(b) 塔架；(c) 网架；(d) 工作平台柱

轴心受力构件的常用截面形式有实腹式和格构式两大类。

2. 受弯构件

仅承受弯矩作用或弯矩和剪力共同作用的构件称为受弯构件，包括实腹式和格构式两类。实际工程中的实腹式受弯构件通常称为梁，如房屋建筑领域内多高层房屋中的楼盖梁、工厂中的工作平台梁、吊车梁、墙架梁以及屋盖体系中的檩条等。桥梁工程中的桥面系、水工结构中的钢闸门等大多由钢交叉梁系构成。以承受横向荷载为主的格构式受弯构件称为桁架，因其在弯矩作用平面内具有较大的刚度而特别适用于大跨建筑。

4.3 钢 屋 盖

4.3.1 钢屋盖的结构组成与结构布置

1. 钢屋盖的结构组成

钢屋盖结构由屋面、屋架和支撑三部分组成，有的还设托架和天窗架等构件。

（1）屋面：主要由各种屋面板材组成，平铺于屋架上，承受外荷载。

（2）屋架：主要由各种钢构件组合连接而成。

（3）支撑：根据支撑设置的部位和所起的作用不同，支撑分为上弦横向支撑、下弦水平支撑、垂直支撑和系杆。

（4）托架：屋架的跨度和间距取决于柱网布置，对柱距较大的部分，一般采用在柱间设置托架支承中间屋架，以保持屋架的间距不变。

（5）天窗架：天窗的形式有纵向天窗、横向天窗和井式天窗，一般常采用纵向天窗，需单独设置天窗架。常见的天窗架形式有多竖杆式、三铰拱式和三支点桁架式。

2. 钢屋盖的结构布置

根据屋面材料和屋架间距离的不同，钢屋盖的结构布置可分成无檩屋盖和有檩屋盖（图 4-19）。

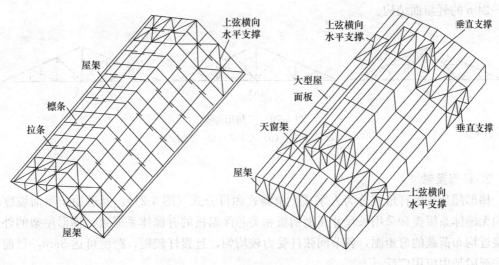

（a）　　　　　　　　　　　　　　　　（b）

图 4-19　钢屋盖的结构布置

(a) 有檩屋盖；(b) 无檩屋盖

（1）无檩屋盖

无檩屋盖是在钢屋架上直接放置大型屋面板的屋盖结构。其构件的种类和数量少，构造简单，施工速度快，便于保温层施工，并且屋盖横向刚度大，整体性好。其不足之处是屋面板自重大，使屋架杆件及下部结构的截面增大，运输和安装不便，且对抗震不利。

（2）有檩屋盖

有檩屋盖是在屋架上设置檩条，檩条上再铺设轻型屋面材料的屋盖结构。有檩屋盖可供选用的屋面材料种类较多，包括彩色涂层压型钢板、瓦楞铁、波形石棉瓦、钢丝网水泥槽形板、预应力钢筋混凝土槽瓦、压型钢板夹芯保温板等。其屋架间距和屋面布置较灵活，自重轻，用料省，运输和安装较轻便。但屋面刚度较差，构件的种类和数量多，构造较复杂，安装效率低。

无檩屋盖和有檩屋盖各有其优缺点，选择时应首先根据建筑物规模、受力特点和使用要求，并视材料供应、施工和运输条件等具体情况决定。一般中型厂房，特别是重型厂房，由于对横向刚度要求较高，所以宜采用无檩屋盖；而对于中、小型特别是不需要做保温层的房屋，则宜采用有檩屋盖。

4.3.2 钢屋架的形式

以角钢组成的普通平面钢屋架，通常由两个角钢组成的 T 形或十字形截面的杆件，在交汇处通过节点板用焊缝连接而成。常用钢屋架的形式有三角形、梯形、拱形和平行弦四种。

1. 三角形屋架

三角形屋架按腹杆形式分为芬克式、人字式和单斜式（图 4-20）。其适用于屋面坡度较陡的有檩屋盖结构。三角形屋架端部只能与柱铰接，故房屋横向刚度较低。由于其外形与均布荷载的弯矩图不相适应，使弦杆的内力沿屋架跨度分布很不均匀，且上、下弦杆交角过小，使支座节点的构造复杂，当屋面太重或跨度很大时则不经济，一般只宜用于跨度 18～24m 的轻屋面结构。

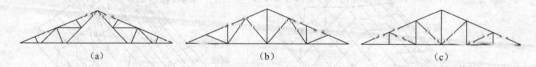

图 4-20　三角形屋架
(a) 芬克式；(b) 人字式；(c) 单斜式

2. 梯形屋架

梯形屋架按腹杆形式分为人字式、单斜式和再分式（图 4-21）。其适用于屋面坡度较缓的无檩体系屋盖和采用长尺寸压型钢板和夹芯保温板的有檩体系屋盖。梯形屋架的外形较接近均布荷载的弯矩图，各节间弦杆受力较均匀，且腹杆较短，跨度可达 36m，目前在厂房钢屋架中应用广泛。

3. 拱形屋架

拱形屋架的上弦可做成圆弧形或较易加工的折线形，腹杆多采用人字式，也可采用单斜式（图4-22）。拱形屋架适用于有檩体系屋盖。由于屋架外形与弯矩图接近，弦杆内力较均匀，腹杆内力亦较小，故受力合理。但由于拱形屋架制造费工，故应用较少，仅在大跨度重型屋盖有所采用。一些大型农贸市场利用其美观的造型，再配合轻型屋面材料使用。

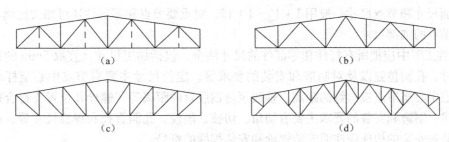

图4-21　梯形屋架
(a)、(b) 人字式；(c) 单斜式；(d) 再分式

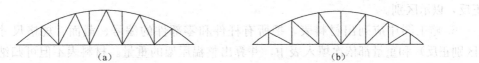

图4-22　拱形屋架
(a) 人字式；(b) 单斜式

4. 平行弦屋架

上下弦互相平行的屋架为平行弦屋架（图4-23），它的优点是上、下弦和腹杆等同类的杆件长度一致，规格统一，节点构造类型少，便于制造。但由于用作屋架时其弦杆的内力分布不够均匀，故常用作托架或屋盖结构的一些支撑。

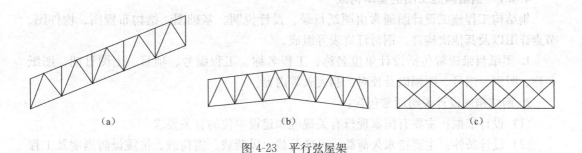

图4-23　平行弦屋架

4.3.3　钢屋架施工图的内容

钢屋架施工图是制作和安装屋架的依据，一般按运输单元绘制。当屋架对称时，可仅绘制半榀屋架。其主要内容和要求如下：

1. 在图纸左上角绘制屋架简图，图中标注屋架的主要外形尺寸，一侧注明屋架杆件的轴线尺寸（mm），另一测注明杆件的内力设计值（kN）。梯形屋架如跨度大于或等于24m，三角形屋架如跨度大于或等于15m，则在制造时需要起拱，拱度约为跨度的1/500，并在屋架简图中注明。

2. 钢屋架施工图主要包括屋架正面图，上弦和下弦平面图，必要的侧面图和剖面图，以及某些安装节点或特殊零件的大样图。

3. 钢屋架施工图通常采用两种比例绘制。屋架杆件的轴线一般为 1：20～1：30，杆件的截面尺寸和节点尺寸一般用 1：10～1：15。对重要节点和零部件还可加大比例，以清楚表达节点的细部尺寸。

4. 施工图中应把所有杆件和零部件的尺寸注全，包括加工尺寸（宜取 5mm 的倍数）、定位尺寸、孔洞位置以及对制造和安装的要求等。定位尺寸主要有节点中心至杆端的距离、节点中心至节点板边缘的距离、轴线至角钢肢背的距离等。螺栓孔位置要符合螺栓排列的要求。制造和安装的要求主要有切角、切肢、削棱、孔洞直径和焊缝尺寸等。在工地进行拼装和安装的构件应注明安装螺栓和安装焊缝的符号。

5. 施工图中应对零件详细编号，编号次序按主次、上下和左右顺序逐一完成。完全相同的零件可采用同一编号。如果两个零件的形状和尺寸完全相同，仅因开孔位置或因切斜角等原因有所不同，当两杆件成镜面对称时，也可采用同一编号，但需在材料表中表明正反，以示区别。

6. 施工图中应列出材料表，把所有杆件和零部件的编号、截面、规格尺寸、数量（区别正反）和重量都依次填入表中，并算出整榀屋架的重量。材料表不但可归纳各零件以便备料和计算用钢量，同时也可供配备起重运输设备参考。

7. 施工图中的文字说明内容主要有：选用钢材的钢号和附加条件、焊条型号、焊接方法和质量要求、图中未注明的焊缝和螺栓孔尺寸、防锈处理方法、运输安装要求以及其他不宜用图表达的内容。

4.4　钢结构识图基础

4.4.1　钢结构施工图的基本构成

钢结构工程施工设计图通常由图纸目录、设计说明、基础图、结构布置图、构件图、节点详图以及其他次构件，钢材订货表等组成。

1. 图纸目录通常包括设计单位名称、工程名称、工程编号、项目、出图日期、图纸名称、图别、图号、图幅以及校对、制表人等内容。

2. 钢结构的设计说明通常包含：

（1）设计依据：主要有国家现行有关规范和建设单位的有关要求。

（2）设计条件：主要指永久荷载、可变荷载、风荷载、雪荷载、抗震设防烈度及工程主体结构使用年限和结构重要等级等。

（3）工程概况：主要指结构质式和结构规模等。

（4）设计控制参数：主要指有关的变形控制条件。

（5）材料：主要指所选用的材料要符合有关规范及所选用材料的强度等级等。

（6）钢构件制作和加工：主要指焊接和螺栓等方面的有关要求及其验收的标准。

（7）钢结构运输和安装：主要包含运输和安装过程中要注意的事项和应满足的有关要求。

（8）钢结构涂装：主要包含构件的防锈处理方法、防锈等级及漆膜厚度等。

（9）钢结构防火：主要包含结构防火等级及构件的耐火极限等方面的要求。

（10）钢结构的维护及其他需说明的事项。

3. 基础图包括基础平面布置图和基础详图。基础平面布置图主要表示基础的平面位置（即基础与轴线的关系），以及基础梁、基础其他构件与基础之间的关系；标注基础、钢筋混凝土柱、基础梁等有关构件的编号，表明地基持力层、地基的允许承载力、基础混凝土和钢材强度等级等有关方面的要求。基础详图主要表示基础的细部尺寸，如基底平面尺寸、基础高度、底板配筋、基底标高和基础所在的轴线号等；基础梁详图主要表示梁的断面尺寸、配筋和标高。

4. 柱脚平面布置图主要表示柱脚的轴线位置与柱脚详图的编号。柱脚详图表示柱脚的细部尺寸、锚栓位置及柱脚二次灌浆的位置和要求等。

5. 结构平面布置图表示结构构件在平面上的关系和编号，如刚架、框架或主次梁、楼板的编号以及它们与轴线的关系。

6. 墙面结构布置图包括墙面檩条布置图、柱间支撑布置图。墙面檩条布置图表示墙面檩条的位置、间距及檩条的型号；柱间支撑布置图表示柱间支撑的位置和支撑杆件的型号；墙面檩条布置图同时也表示隔撑、拉条、撑竿的布置位置和所选用的钢材型号，以及墙面其他构件的关系，如门窗位置、轴线编号、墙面标高等。

7. 屋盖支撑布置图表示屋盖支撑系统的布置情况。屋面的水平横向支撑通常由交叉圆杆组成，设置在与柱间支撑相同的柱间；屋面的两端和屋脊处设有刚性系杆，刚性系杆通常是圆钢管或角钢，其他为柔性系杆，可用圆钢。

8. 屋面檩条布置图表示屋面檩条的位置、间距和型号；拉条、撑杆、隔撑的布置位置和型号。

9. 构件图可以是框架图、刚架图，也可以是单根构件图。如刚架图主要表示刚架的细部尺寸，梁和柱变截面位置，刚架与屋面檩条、墙面檩条的关系；刚架轴线尺寸、编号及刚架纵向高度、标高；刚架梁、柱编号、尺寸以及刚架节点详图索引编号等。

10. 节点详图是表示某些复杂节点的细部构造。如刚架端部和屋脊的节点，它表示连接节点的螺栓个数、螺栓直径、螺栓等级、螺栓位置、螺栓孔直径，节点板尺寸、加劲肋位置、加劲肋尺寸以及连接焊缝尺寸等细部构造情况。

11. 次构件详图包括隔撑、拉条、撑杆、系杆及其他连接构件的细部构造情况。

12. 材料表包括构件的编号、零件号、截面代号、截面尺寸、构件长度、构件数量及重量等。

4.4.2 钢结构施工图示例（图 4-24～图 4-26）

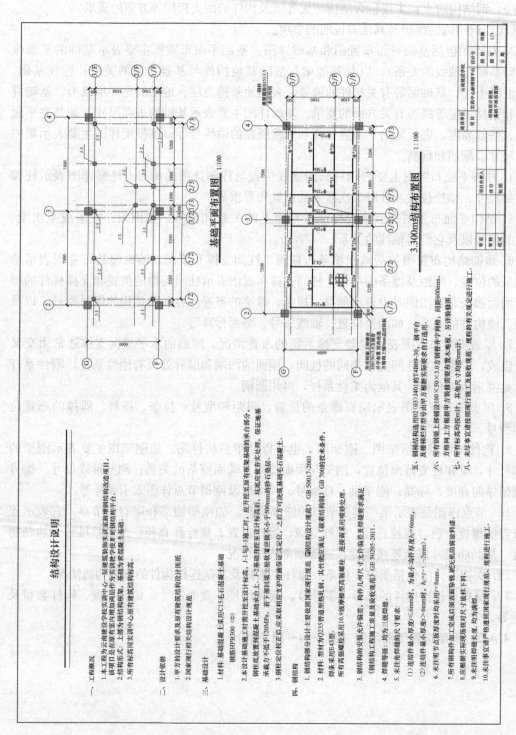

图4-24

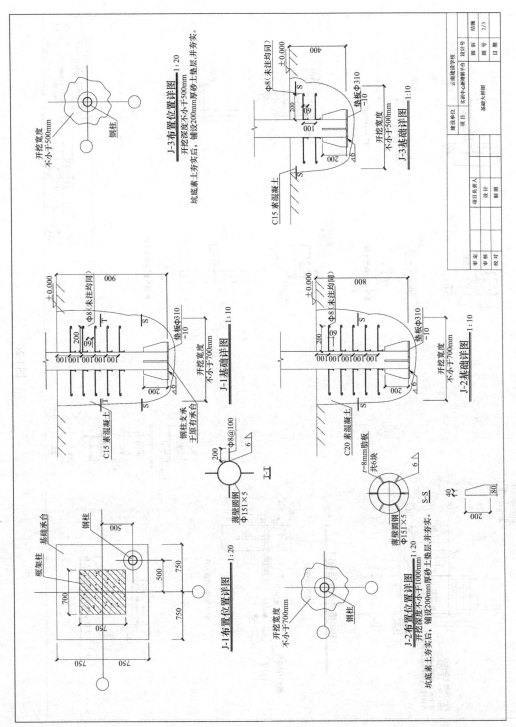

图 4-25

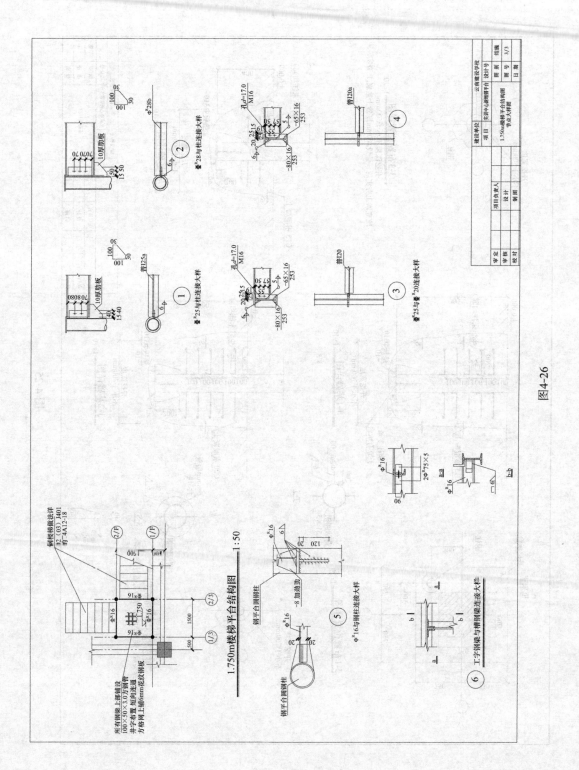

图4-26

第5章 建筑地基基础

> **知识要点及学习要求**
> - ➤ 了解地基基础的基本规定
> - ➤ 掌握浅基础的类型
> - ➤ 理解浅基础的结构构造
> - ➤ 了解桩基础
> - ➤ 掌握钢筋混凝土条形基础施工图的图示内容和识读方法
> - ➤ 掌握钢筋混凝土独立基础施工图的图示内容和识读方法
> - ➤ 掌握桩基础施工图的识读

5.1 地基基础的基本规定

5.1.1 基础埋置深度

房屋结构承受的荷载最终通过基础传到地基上。基础在设计时既要考虑上部结构，又要考虑地基土和场地条件。

室外设计地面至基础底面的距离称为基础的埋置深度。在确定基础埋置深度时，应考虑以下几个方面的因素。

1. 建筑物的类型和使用要求

凡是对稳定性要求较高的高层建筑、多层框架结构及设置地下室、设备基础或地下设施的建筑物，往往要求局部或整个加大基础的埋置深度。实践证明，抗震设防区内的高层建筑筏形和箱形基础的埋置深度不小于建筑物高度的1/15。

2. 建筑物荷载的大小和性质

基础埋置深度与荷载大小有关，荷载加大，基础应较深。同时与荷载的性质有关，对于承受较大水平荷载的基础，必须有足够的埋置深度，保证基础的稳定性。对承受上拔力的基础，也需较大的埋置深度，以提供必需的抗拔阻力。

3. 工程地质和水文地质条件

在满足地基承载力和变形的前提下，基础宜浅埋，当上层地基的承载力大于下层土时，宜利用上层土作为持力层。除岩石地基外，基础最小埋置深度不小于0.5m。

4. 相邻建筑物基础埋深的影响

新基础靠近原有建筑物基础时，为了保证原有建筑物的安全和正常使用，新基础的埋置深度不宜深于原有基础。

5. 地基冻融条件

对建在冻胀土地区上的建筑物，应按有关要求采取防冻胀措施。

5.1.2 地基承载力的基本知识

1. 建筑分类

根据建筑物规模和功能特征以及由于地基问题可能造成建筑物破坏或影响正常使用的程度，将地基基础设计分为三个等级，设计时应根据具体情况选用。

甲级建筑　重要的工业与民用建筑物

　　　　　30 层以上的高层建筑

　　　　　体形复杂、层数相差超过 10 层的高低层连成一体建筑物

　　　　　大面积的多层地下建筑物（地下车库、商场、运动场等）

　　　　　对地基变形有特殊要求的建筑物

　　　　　复杂地质条件下的坡上建筑物（包括高边坡）

　　　　　对原有工程影响较大的新建筑物

　　　　　场地和地基条件复杂的一般建筑物

　　　　　位于复杂地质条件及软土地区的 2 层及 2 层以上地下室的基坑工程

乙级建筑　除甲级、丙级以外的工业与民用建筑物

丙级建筑　场地和地基条件简单、荷载分布均匀的 7 层及 7 层以下民用建筑及一般工业建筑物；次要的轻型建筑物

2. 根据建筑物地基基础设计等级及长期荷载作用下地基变形对上部结构的影响程度，地基基础设计应符合下列规定：

（1）所有建筑物的地基计算均应满足承载力计算的有关规定；

（2）设计等级为甲级、乙级的建筑物，均应按地基变形设计；

（3）设计等级为丙级的建筑物可不作变形验算，如有下列情况之一时，仍应作变形验算：

1）地基承载力特征值小于 130kPa，且体形复杂的建筑；

2）在基础上及其附近有地面堆载或相邻基础荷载差异较大，可能引起地基产生过大的不均匀沉降时；

3）软弱地基上的建筑物存在偏心荷载时；

4）相邻建筑距离过近，可能发生倾斜时；

5）地基内有厚度较大或厚薄不均的填土，其自重固结未完成时。

3. 地基基础设计时，所采用的荷载效应最不利组合与相应的抗力限值满足下列规定：

（1）按地基承载力确定基础底面积及埋深或按单桩承载力确定桩数时，传至基础或承台底面上的荷载效应应按正常使用极限状态下荷载效应的标准组合。相应的抗力应采用地基承载力特征值或单桩承载力特征值。

（2）计算地基变形时，传至基础底面上的荷载效应应按正常使用极限状态下荷载效应的准永久组合，不应计入风荷载和地震作用。相应的限值应为地基变形允许值。

（3）计算挡土墙土压力、地基或斜坡稳定及滑坡推力时，荷载效应应按承载能力极限状态下荷载效应的基本组合，其分项系数均为 1.0。

（4）在确定基础或桩台高度、支挡结构截面、计算基础或支挡结构内力、确定配筋和验算材料强度时，上部结构传来的荷载效应组合和相应的基底反力，应按承载能力极限状态下荷载效应的基本组合，采用相应的分项系数。当需要验算基础裂缝宽度时，应按正常

使用极限状态下荷载效应标准组合。

（5）基础设计安全等级、结构设计使用年限、结构重要性系数应按有关规范的规定采用，但结构重要性系数 γ_0 不应小于 1.0。

5.1.3 地基勘察

1. 地基勘察的任务

建筑工程是根据设计要求和建筑场区的工程地质条件进行建设的。地基勘察是运用工程地质理论和各种勘察测试技术手段、方法，为解决工程建设中的地质问题而进行的调查研究工作。地基勘察是工程建设的先行工作，其成果资料是工程项目决策、设计和施工等的重要依据。

2. 地基勘察的一般要求

（1）选址勘察阶段

选择场址阶段应进行下列工作：

1）搜集区域地质、地形地貌、地震、矿产等资料，附近地区的工程地质资料及当地的建筑经验。

2）在收集和分析已有资料的基础上，通过踏勘，了解场地的地层、构造、岩石和土的性质、不良地质现象及地下水等工程地质条件。

3）对工程地质条件复杂，已有资料不能符合要求，但其他方面条件较好且倾向于选取的场地，应根据具体情况进行工程地质测绘及必要的勘探工作。

（2）初步勘察阶段

本阶段的主要工作如下：

1）搜集本项目可行性研究报告（附有建筑场区的地形图，一般比例尺为 1∶2000～1∶5000）、有关工程性质及工程规模的文件。

2）初步查明地层、构造、岩石和土的性质，地下水埋藏条件、冻结深度、不良地质现象的成因和分布范围及其对场地稳定性的影响程度和发展趋势。当场地条件复杂时，应进行工程地质测绘与调查。

3）对抗震设防烈度为 7 度或 7 度以上的建筑场地，应判定场地和地基的地震效应。初步勘察时，在搜集分析已有资料的基础上，根据需要和场地条件还应进行工程勘探、测试以及地球物理勘探工作。

（3）详细勘察阶段

详细勘察阶段的主要工作要求：

1）取得附有坐标及地形的建筑物总平面布置图，各建筑物的地面整平标高、建筑物的性质和规模，可能采取的基础形式、尺寸和预计埋置的深度，建筑物的单位荷载和总荷载、结构特点及对地基基础的特殊要求。

2）查明不良地质现象的成因、类型、分布范围、发展趋势及危害程度，提出评价与整治所需的岩土技术参数和整治方案。

3）查明建筑物范围各岩土层的类别、结构、厚度、坡度、工程特性，计算和评价地基的稳定性和承载力。

4）对需进行沉降计算的建筑物，提出地基变形计算参数，预测建筑物的沉降、差异沉降或整体倾斜等变形特征。

5) 对抗震设防烈度大于或等于 6 度的场地，应划分场地土类型和场地类别。对抗震设防烈度大于或等于 7 度的场地，尚应分析预测地震效应，判定饱和砂土和粉土的地震液化可能性，并评价液化等级。

6) 查明地下水的埋藏条件，判定地下水对建筑材料的腐蚀性。当需基坑降水设计时，尚应查明水位、其变化幅度和各土层的渗透性。

7) 提供深基坑开挖的边坡稳定计算和支护设计所需的岩土技术参数，论证和评价基坑开挖、降水等对邻近工程和环境的影响。

8) 为选择桩的类型、长度，确定单桩承载力，为计算群桩的沉降以及选择施工方法提供岩土技术参数。

5.1.4 地基勘探的方法

1. 地球物理勘探

（1）电法勘探

电法勘探是研究地下地质体电阻率差异的地球物理勘探方法，也称为电阻率法。

（2）地震勘探

地震勘探也是广泛用于工程地质勘探的方法之一。它是利用地质介质的波动性来探测地质现象的一种物探方法。

2. 坑槽探

坑槽探是在建筑场地挖探井、探槽和探洞以取得直观资料和原状土样的勘探方法，当钻探方法难以查明地下情况时，利用坑探可以直接观察地层的结构和变化，但坑探的深度较浅。坑探的种类有探槽、探坑和探井三种。

3. 钻探

钻探是用钻机向地下钻孔，进行地质勘探，是目前应用最广的勘探方法。通过钻探可达到：划分地层，确定土层的分界面高程，鉴别和描述土的表观特征；取原状土样或扰动土样供试验分析；确定地下水位埋深，了解地下水的类型；在钻孔内进行原位试验。

4. 触探

按照探头入土的方式不同，分为静力触探和动力触探两类。

5.2 基础的基本知识

根据地基土承载力及建筑物荷载大小的不同，可将基础设计成浅基础和深基础两大类。一般认为基础埋置深度不大于 5m 的基础，属于浅基础。基础埋置深度大于 5m 的基础属于深基础。

5.2.1 浅基础的类型

浅基础根据结构形式可分为条形基础、独立基础、筏板基础、箱形基础。

1. 条形基础

（1）刚性条形基础：这是墙基础中常见的形式，通常用砖或毛石砌筑。为保证基础的耐久性，砖的强度等级不能太低，在严寒地区宜用毛石；毛石需用未风化的硬质岩石。当土质潮湿或有地下水时要用水泥砂浆砌筑。刚性基础台阶宽高比及基础砌体材料最低强度等级的要求根据相关规范执行。

（2）墙下钢筋混凝土条形基础：当基础宽度较大，若再用刚性基础，则其用料多、自重大，有时还需要增加基础埋深，此时可采用柔性钢筋混凝土条形基础，使宽基浅埋。如果地基不均匀，为增强基础的整体性和抗弯能力，可采用有肋梁的钢筋混凝土条形基础（图 5-1），肋梁内配纵向钢筋和箍筋，以承受由不均匀沉降引起的弯曲应力。

2. 独立基础

独立基础（图 5-2）是柱基础中最常用和最经济的形式。其可分为刚性基础和钢筋混凝土基础两大类。刚性基础可采用砖、毛石或素混凝土等材料，基础台阶高宽比（刚性角）要满足规范规定。一般钢筋混凝土柱下宜用钢筋混凝土基础，以符合柱与基础刚接的假定。

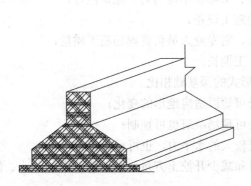

图 5-1　条形基础

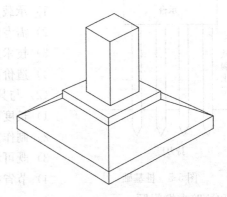

图 5-2　独立基础

3. 筏板基础

当柱下交叉条形基础底面积占建筑物平面面积的比例较大，或者建筑物在使用上有要求时，可以将建筑物的柱、墙下做一块满堂的基础，即筏板基础（图 5-3）。此基础用于多层与高层建筑，分平板式和梁板式。由于其整体刚度相当大，能将各个柱子的沉降调整得比较均匀。此外还具

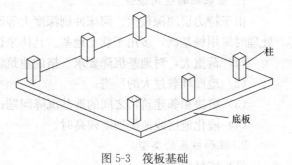

图 5-3　筏板基础

有跨越地下浅层小洞穴，增强建筑物的整体抗震性能，作为地下室、油库、水池等的防渗地板等功能。

4. 箱形基础

由钢筋混凝土底板、顶板和纵横墙体组成的整体结构，其抗弯刚度非常大，只能发生大致均匀的下沉，但要严格避免倾斜。箱形基础是高层建筑广泛采用的基础形式（图5-4）。但其材料用量较大，且为保证箱基刚度要求设置较多的内墙，墙的开洞率也有限制，故箱形基础作为地下室时，给使用带来一些不便。因此要根据使用要求确定箱形基础。

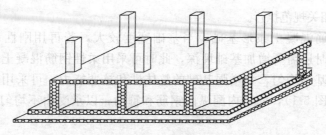

图 5-4　箱形基础

5.2.2　桩基础

由桩和连接桩顶的承台所构成的基础称为桩基础（图 5-5）。

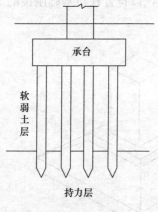

图 5-5　桩基础

1. 桩基础的特点

（1）与浅基础相比

1）承载力高、沉降量小而均匀、稳定性好；

2）需专门的施工设备；

3）技术复杂，需专业人员负责现场施工质量；

4）造价高，工期长。

（2）与其他形式的深基础相比

1）长度可长可短以适应地形的变化；

2）制作方法可现场浇筑也可预制；

3）既可承受较大的水平力，也可承受拉力；

4）节省材料和减少开挖土方量，避免施工中的防水、防漏和坑壁支撑问题。

2. 桩基础的适用条件

由于持力层埋深较大、河床冲刷深度大等原因而无法采用浅基础，且又不宜进行地基处理时采用桩基础，多用于软土地基。具体来说，适用于以下情况：

（1）荷重大，对地基沉降要求严格的建筑物或对倾斜有特殊限制的构筑物；

（2）地面堆载过大的厂房；

（3）解决相邻建筑物之间的地基沉降问题；

（4）液化地层或地震烈度较高时。

3. 桩和桩基的类型

（1）按材质分

1）木桩：承载力低、耐腐蚀性差。

2）钢筋混凝土桩：承载力高，自重大。

3）钢桩：强度高，施工质量稳定。

（2）按成桩方法分

1）预制桩：锤击或震动下沉、静压。

2）灌注桩：钻孔桩（冲击、冲抓或旋转）、沉管灌注桩、挖孔桩。

（3）按受力特点分

1）端承桩（柱桩）

2）摩擦桩（中间型桩）

（4）按设置效应分

1）挤土桩：实心的预制桩、沉管灌注桩、冲孔桩。

2）少量挤土桩：开口的钢管桩。

3）非挤土桩：钻孔或人工挖孔桩。

（5）按承台底面位置分

1）高承台桩（基）：承台底面位于地面或局部冲刷线以上的桩基础。

2）低承台桩（基）：承台底面位于地面或局部冲刷线以下的桩基础。

5.3 基础施工图识读

基础是建筑物地面以下承受房屋全部荷载的构件，基础的形式取决于上部承重结构的形式和地基情况。在民用建筑中，常见的形式有条形基础、独立基础、筏板基础、桩基础等。基础结构施工图是表示建筑物地面以下基础部分的平面布置和详细构造的图样，包括基础平面布置图与基础详图。这是施工放线、开挖基坑、砌筑或浇筑基础的依据。

基础平面图是假想用一个水平面沿建筑物室内地面以下剖切后，移除建筑物上部和基坑回填土后的水平剖面图。基础平面图主要表示基础的位置、所属的轴线，以及基础内留洞、构件、管沟、变化的台阶、基底标高等平面布置情况，并表示剖面图的剖切位置。

基础详图主要表明基础各部分的构造和详细尺寸，通常用垂直剖面图表示。下面介绍几种常用基础结构图的识读。

5.3.1 条形基础施工图的识读

常用的条形基础有墙下条形基础和柱下条形基础两大类。当建筑物上部采用承重墙时，基础沿墙身设置，多做成长条形，这种基础称为墙下条形基础，如图 5-6（a）所示。当房屋为钢筋混凝土框架结构、荷载较大且地基较软时，为加强基础的承载力及整体性，常用钢筋混凝土条形基础连接各柱下基础，形成柱下条形基础，如图 5-6（b）所示。

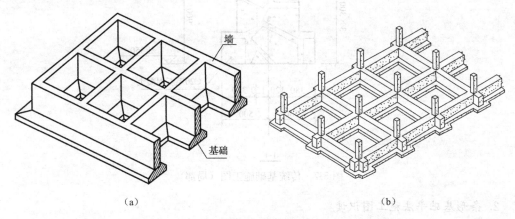

图 5-6　条形基础

(a) 墙下条形基础；(b) 柱下条形基础

1. 条形基础传统表达方式

条形基础传统表达方式是基础平面布置图结合多个断面，根据正投影图原理表达平面及立面高度尺寸、结构配筋，如图 5-7 所示。

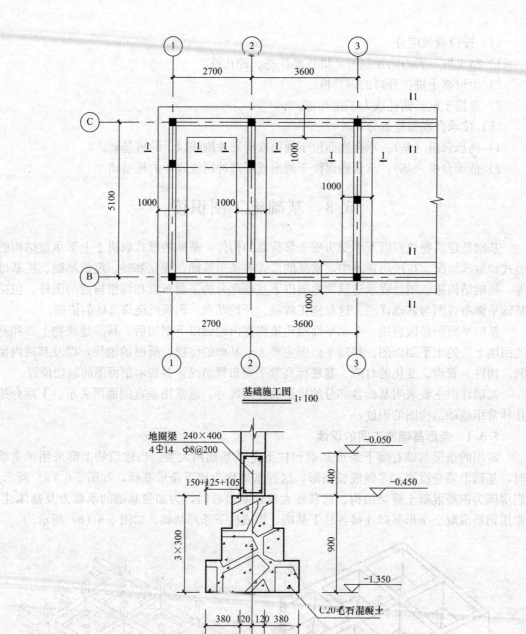

图 5-7 传统基础施工图（局部）

2. 条形基础平法施工图识读

条形基础平法施工图有平面注写方式和截面注写方式两种表达方式，在施工图中可以选择其中一种，也可以两种方式结合使用。平面注写是把所有信息都集中标注在平面图上表达；截面注写方式与传统法类似，只是编号有所不同，下面对两种注写方式进行介绍。

（1）一般规定

1）当绘制条形基础平面布置图时，应将条形基础与基础所支承的上部结构的柱、墙同时绘制。

2）当梁板式基础梁中心或条形基础板中心与建筑定位轴线不重合时，应标注其偏心尺寸；对于编号相同的条形基础，可仅选择一个进行标注。

3）梁板式条形基础平法施工图将梁板式条形基础分解为基础梁和条形基础底板，分别进行标注。

4）板式条形基础平法施工图仅表达条形基础底板，当墙下设基础圈梁时，再加注基础圈梁的截面尺寸和配筋。

（2）条形基础编号，见表5-1、表5-2。

条形基础梁编号   表5-1

类　型	代　号	序　号	跨数及有否外伸
基础梁	JL	××	（××）端部无外伸 （××A）一端有外伸 （××B）两端有外伸

条形基础底板编号   表5-2

类型	基础底板截面形状	代号	序号	跨数及有否外伸
条形基础底板	坡形	TJB_P	××	（××）端部无外伸 （××A）一端有外伸 （××B）两端有外伸
	阶形	TJB_J	××	

（3）基础梁的平面注写方式

基础梁的平面注写方式分集中标注和原位标注两部分内容。集中标注的内容为：基础梁编号、截面尺寸、配筋三项必注内容，基础梁底面标高与基础底面基准标高不同时的相对高差和必要的文字注解两项选注内容。基础梁集中标注说明见表5-3。原位标注的内容为：基础梁端或梁在柱下区域的底部全部纵筋、附加箍筋或（反扣）吊筋、外伸部位的变截面高度尺寸和某项内容在某跨的修正内容。基础梁原位标注说明见表5-4。

基础梁集中标注说明   表5-3

注写形式	表达内容	附加说明
JL×× （×A）	基础梁编号，具体包括：代号、序号、（跨数及外伸状况）	（×）无外伸仅标跨数； （×A）一端有外伸； （×B）两端有外伸
$b×h$	截面尺寸：梁宽×梁高	当加腋时，用 $b×h\,Yc_1×c_2$ 表示，其中 c_1 为腋长，c_2 为腋高
××φ×××/×××（×）	箍筋道数、强度、直径、第一种间距/第二种间距、（肢数）	"φ"：钢筋强度等级符号，"/"：用来分隔不同箍筋的间距及肢数，按从基础梁两端向跨中的顺序注写
B×φ××；T×φ××	底部（B）贯通筋纵筋根数、强度等级、直径；顶部（T）贯通筋纵筋根数、强度等级、直径	贯通筋应先布置在角部，当跨中所注根数少于箍筋肢数时，加设底部架立筋，用"+"与贯通筋相连，架立筋注写在加号后面的括号里；贯通筋多于一排时，用"/"将各排纵筋自上而下分开
G×φ××	梁侧面纵向构造钢筋根数、强度等级、直径	梁两个侧面构造纵筋的总数，布置间距按梁腹板高度内均匀分布
（×.×××）	梁底面相对于基础底面基准标高的高差	高者前面加"+"号，低者前面加"−"号，无高差不注

注写形式	表达内容	附加说明
×Φ×× ×/×	梁端或梁在柱下区域底部纵筋根数、强度等级、直径，用"/"分隔的各排筋根数	此项为底部包括贯通筋与非贯通筋在内的全部纵筋。非贯通筋自柱边向跨内延伸至 $l_n/3$，多于两排时，自第三排起由设计注明。l_n：边支座取边跨净长，中支座取相邻两跨较大者
×Φ××	附加箍筋总根数（两侧均分）或（反扣）吊筋、强度等级、直径	在平面图十字交叉梁中刚度较大的条形梁上直接引注，当多数相同时，可在施工图上统一注明，少数不同的在原位引注
$b×h$，h_1/h_2	外伸部位变截面高度	h_1：根部截面高度；h_2：尽端截面高度
其他原位标注	某部位与集中标注不同的内容	一经原位标注，原位标注值优先

（4）条形基础底板的平面注写方式

条形基础底板的平面注写方式又可分为截面注写和列表注写两种表达方式。

采用截面注写方式时应在基础平面布置图上对所有条形基础进行编号，编号方式与平面注写方式相同。对条形基础进行截面标注的内容和形式与传统"单构件正投影表示方法"基本相同；采用列表注写方式对多个条形基础进行集中表达时，表中内容为条形基础截面的几何数据和配筋，截面示意图上应标注与表中栏目相对应的代号。集中标注说明见表 5-5，原位标注说明见表 5-6。

（5）条形基础底板平法标注示例见表 5-7，条形基础梁平法标注示例见表 5-8，条形基础平法施工图注写参数如图 5-8 所示。

注写形式	表达内容	附加说明
TJB$_P$××（×A）或 TJB$_J$××（×A）	基础底板编号，具体包括：代号、序号、（跨数及外伸状况）	（×）无外伸仅标跨数；（×A）一端有外伸；（×B）两端有外伸
$h_1/h_2\cdots$	截面竖向尺寸	若为阶形条基，单阶是 h_1，其他情况各阶尺寸自下而上以"/"分隔顺写
B：Φ×@×××/Φ×@×××；T：Φ×@×××/Φ×@×××	底部（B）横向受力筋、构造钢筋强度等级、直径、间距；顶部（T）横向受力筋、构造钢筋强度等级、直径、间距	"Φ"：钢筋强度等级符号，"/"：用来分隔条形基础底板的横向受力筋与构造钢筋
（×.×××）	基础底板底面相对于基础底面基准标高的高差	高者前面加"＋"号，低者前面加"－"号，无高差不注

注写形式	表达内容	附加说明
b、b_i，$i=1$，2，…	基础底板总宽 b，基础底板台阶的宽度 b_i	基础底板采用对称于基础梁的坡形截面或单阶形截面时，b_i 可不注
原位注写修正内容	某部位与集中标注不同的内容	一经原位标注，原位标注值优先

坡形基础参数

阶形基础参数

条形基础底板平法标注示例　　　　　　　　　　　　　　表 5-7

图例	标注内容	表达含义
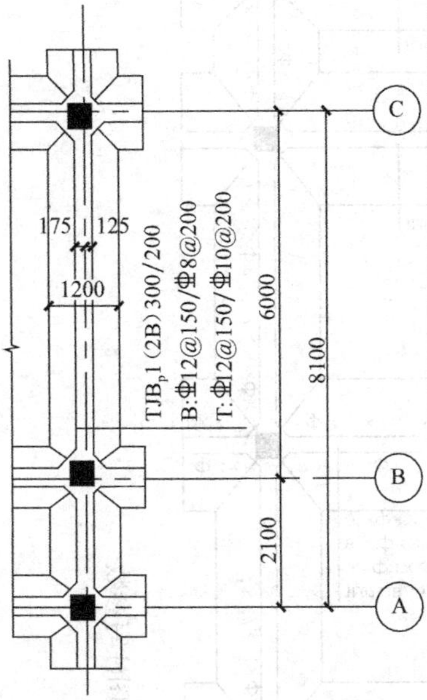	TJB$_p$1 (2B)	1号坡形基础，2跨，两端延伸
	300/200	竖向截面尺寸：$h_1 = 300mm$，$h_2 = 200mm$
	B：Φ12@150/Φ8@200	底部横向受力钢筋为直径12mm的HRB400级钢筋，间距150mm；构造钢筋为直径8mm的HRB400级钢筋，间距200mm
	T：Φ12@150/Φ10@200	顶部横向受力钢筋为直径12mm的HRB400级钢筋，间距150mm；构造钢筋为直径10mm的HRB400级钢筋，间距200mm

图中标注：175　125　1200　6000　8100　2100
C　B　A
TJB$_p$1 (2B) 300/200
B：Φ12@150/Φ8@200
T：Φ12@150/Φ10@200

条形基础梁平法标注示例　　　　　　　　　　　　　　表 5-8

图例	标注内容	表达含义
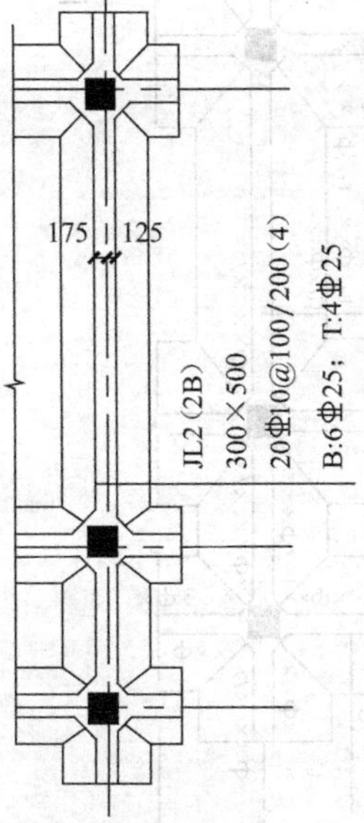	JL2 (2B)	2号基础梁，2跨，两端延伸
	300×500	梁宽300mm，梁高500mm
	20Φ10@100/200 (4)	箍筋配置：箍筋为HRB400级钢筋，直径12mm；从梁两端起向跨内按间距100mm设置20道，其余按间距200mm设置；为4肢箍
	B：6Φ25	梁底部贯通筋为直径25mm的6根HRB400级钢筋
	T：4Φ25	梁顶部贯通筋为直径25mm的4根HRB400级钢筋

图中标注：175　125
JL2 (2B)
300×500
20Φ10@100/200 (4)
B：6Φ25；T：4Φ25

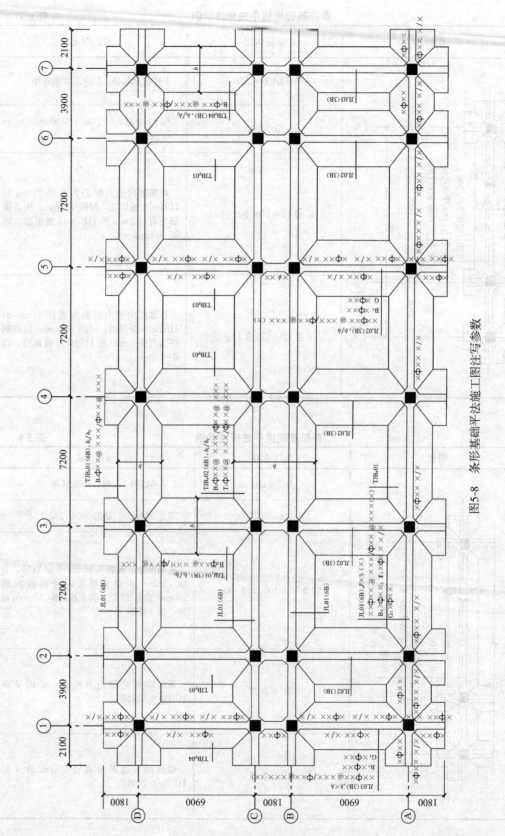

图5-8 条形基础平法施工图注写参数

5.3.2 独立基础施工图的识读

当建筑物上部结构采用框架结构或单层排架结构承重时，基础常采用矩形的独立式基础。独立式基础是柱下基础的基本形式之一。根据柱子是否现浇，基础分为普通独立基础和杯口独立基础。柱采用现浇构件时，采用普通独立基础；当柱采用预制构件时，基础一般做成杯口形，将柱子插入并嵌固在杯口内，以加强柱的稳定性。不论是普通独立基础还是杯口形独立基础，常用断面形式都有阶形和坡形两类。下面介绍普通独立基础平法施工图的识读方法。

1. 独立基础施工图的表达方式

独立基础施工图，传统的表达方式是基础平面布置图结合基础详图，基础详图是根据正投影图原理表达平面及立面高度尺寸、结构配筋，如图 5-9 所示。独立基础平法施工图

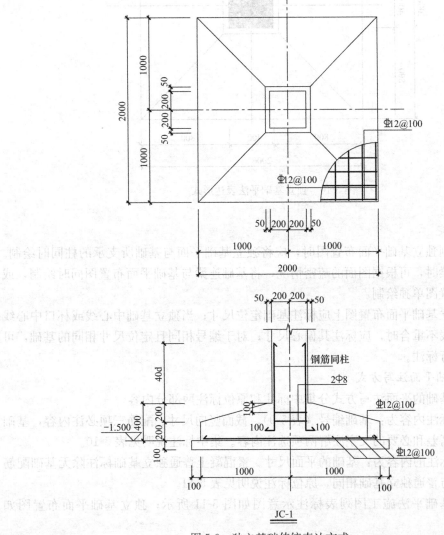

图 5-9　独立基础传统表达方式

有平面注写与截面注写两种表达方式，在施工图中可以选用其中一种也可以两种方式结合使用。平面注写是把所有信息都集中在平面图上表达，截面注写方式与传统表达方式基本相同，如图 5-10 所示。

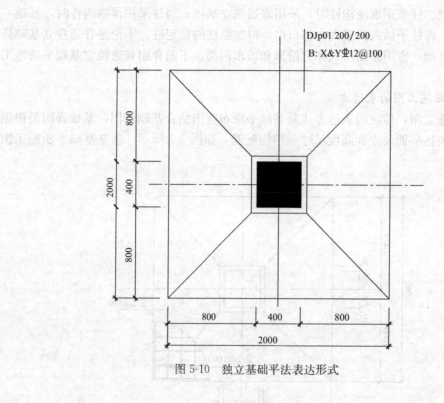

图 5-10　独立基础平法表达形式

2. 一般规定

（1）当绘制独立基础平面布置图时，应将独立基础平面与基础所支承的柱同时绘制。当设置基础连梁时，可根据图面的疏密情况，将基础连梁与基础平面布置图同时绘制，或将基础连梁布置图单独绘制。

（2）在独立基础平面布置图上应标注基础定位尺寸；当独立基础中心线或杯口中心线与建筑定位轴线不重合时，应标注其偏心尺寸；对于编号相同且定位尺寸相同的基础，可仅选择一个进行标注。

3. 独立基础平面注写方式

（1）独立基础的平面注写方式分集中标注和原位标注两部分内容。

（2）集中标注内容为：基础编号（表 5-9）、截面竖向尺寸、配筋三项必注内容，基础底面相对标高高差和必要的文字注解两项选注内容。集中标注说明见表 5-10。

（3）原位标注的内容为：基础的平面尺寸。素混凝土普通独立基础标注除无基础配筋外，其他项目与普通独立基础相同。原位标注说明见表 5-11。

（4）独立基础平法施工图列表标注示意图如图 5-11 所示；独立基础平面布置图如图 5-12 所示。

类型	基础底板截面形状	代号	序号	说明
普通独立基础	阶形	DJ_J	××	1. 单阶截面即为平板独立基础。
	坡形	DJ_P	××	2. 坡形截面基础底板可为四坡、三坡、双坡及单坡
杯口独立基础	阶形	BJ_J	××	
	坡形	BJ_P	××	

独立基础平面注写的集中标注说明 表 5-10

注写形式	表达内容	附加说明
$DJ_J××$ 或 $DJ_P××$；$BJ_J××$ 或 $BJ_P××$	基础编号，具体包括：代号、序号	阶形截面编号加下标 J；坡形截面编号加下标 P
$h_1/h_2\cdots$	普通独立基础截面竖向尺寸	若为阶形条基，单阶是 h_1，其他情况各阶尺寸自下而上以"/"分隔顺写
a_0/a_1，$h_1/h_2/h_3$	杯口独立基础截面竖向尺寸	a_0/a_1 为杯口内尺寸，h 项含义同普通独立基础
B: $X\phi×@×××$，$Y\phi×@×××$，或 S_n: $××\phi×××$，或 $O××\phi××/\phi××@×××/\phi××@×××$，$\phi××@××$	底板底部（B）配筋 X 方向、Y 方向钢筋；杯口顶部焊接钢筋网（S_n）钢筋，高杯口杯壁外侧及短柱（O）角筋，长边中部筋、短边中部筋，箍筋配置	X、Y 为平面坐标方向，正交轴网：切向为 X，径向为 Y；向心轴网：切向为 X，径向为 Y。Φ: 钢筋强度等级符号。"/": 用来分隔高杯口杯壁外侧及短柱角筋，长边中部筋、短边中筋和箍筋
$(×.×××)$	基础底板底面相对于基础底面基准标高的高差	高者前面加"＋"号，低者前面加"－"号，无高差不注
必要文字注解	设计中的特殊要求	比如底板筋是否采用剪短方式

独立基础平面注写的原位标注说明 表 5-11

注写形式	表达内容	附加说明
x、y、x_c、y_c，x_i、y_i 或 x、y、x_u、y_u、t_i、x_i、y_i 或 D，d_c、b_i	独立基础两向边长 x、y，柱截面尺寸 x_c、y_c（圆柱为 d_c），阶宽或坡形平面尺寸 x_i、y_i，杯口上口尺寸 x_u、y_u，杯壁厚度 t_i，圆形独立基础外环直径 D，圆形独立基础阶宽或坡形截面尺寸 b_i	杯口上口尺寸 x_u、y_u 按柱截面边长两侧双向各加 75mm，杯口下口尺寸为柱截面边长两侧双向各加 50mm；圆形独立基础截面形式通过编号及竖向尺寸加以区别

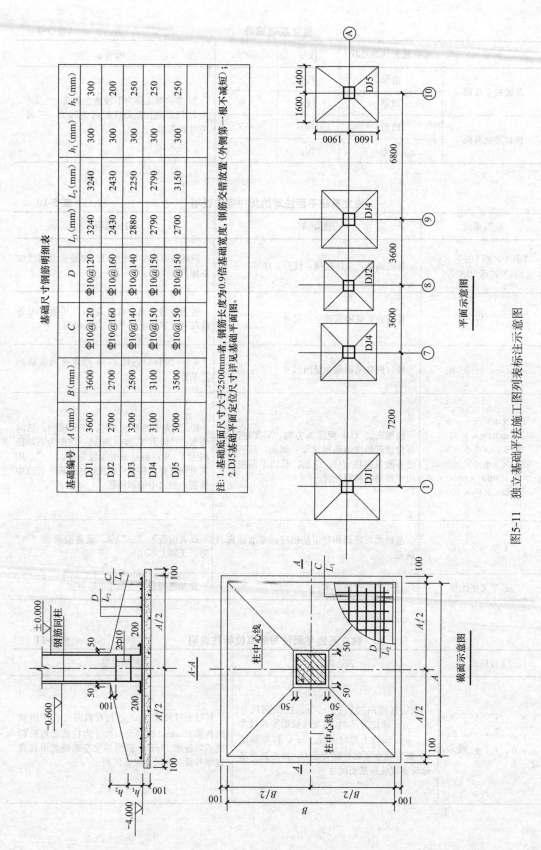

基础尺寸钢筋明细表

基础编号	A (mm)	B (mm)	C	D	L₁ (mm)	L₂ (mm)	h₁ (mm)	h₂ (mm)
DJ1	3600	3600	Φ10@120	Φ10@120	3240	3240	300	300
DJ2	2700	2700	Φ10@160	Φ10@160	2430	2430	300	200
DJ3	3200	2500	Φ10@140	Φ10@140	2880	2250	300	250
DJ4	3100	3100	Φ10@150	Φ10@150	2790	2790	300	250
DJ5	3000	3500	Φ10@150	Φ10@150	2700	3150	300	250

注: 1. 基础底面尺寸大于2500mm者, 钢筋长度为0.9倍基础宽度, 钢筋交错放置 (外侧第一根不减短) ;
　　 2. DJ5基础平面定位尺寸详见基础平面图。

图5-11　独立基础平法施工图列表标注示意图

114

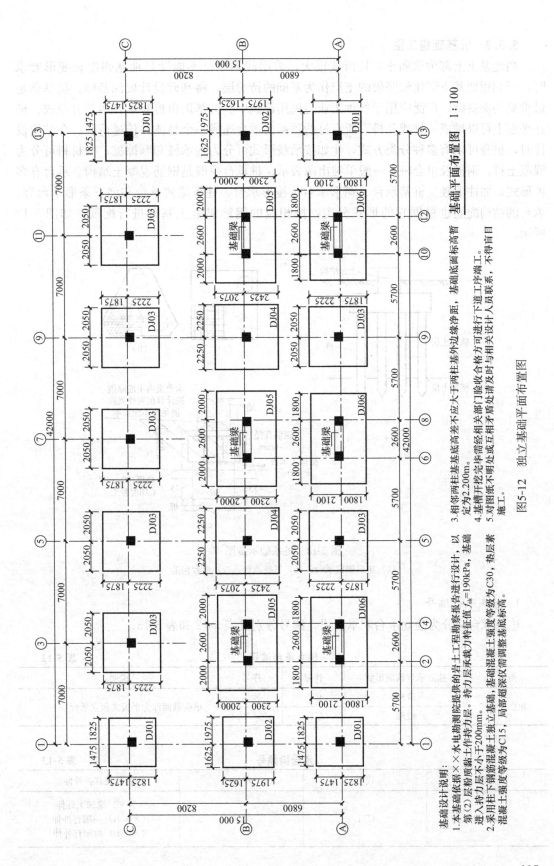

图 5-12 独立基础平面布置图

基础设计说明：

1. 本基础依据×× 水电勘测院提供的岩土工程勘察报告进行设计，以第（2）层粉质黏土作持力层。持力层承载力特征值 f_{ak} =190kPa，基础进入持力层不小于200mm。

2. 采用柱下钢筋混凝土独立基础，基础混凝土强度等级为C30，基础混凝土强度等级为C15，局部超深仅需调整基底标高。

3. 相邻两柱基基底高差不应大于两柱基外边缘净距，基础底面标高暂定为2.200m。

4. 基槽开挖完毕经相关部门验收合格方可进行下道工序端工。

5. 对图纸不明处及相矛盾处请与相关设计人员联系，不得盲目施工。

基础平面布置图 1：100

115

5.3.3 桩基础施工图

当地基土上部为软弱土，且荷载很大，采用浅基础已不能满足地基强度和变形要求时，可利用地基下部比较坚硬的土层作为基础的持力层，将基础设计成深基础。桩基础是最常见的深基础，广泛应用于各种工业与民用建筑中。桩基础由桩和承台两部分组成。桩在平面上可以排成一排或几排，所有桩的顶部由承台连成一个整体并传递荷载。在结构设计时，桩身可以有多种分类方式，比如按承载形式可分为端承桩和摩擦桩；按材料可分为混凝土桩、钢桩及组合桩，一般单独出图表示。桩承台一般是钢筋混凝土结构。承台有多种形式，如柱下独立桩基承台、箱形承台、筏形承台、柱下梁式承台和墙下条形承台等。承台的结构配筋也根据它的形式分类，按相应的钢筋混凝土基础进行配筋，如图 5-13 所示。

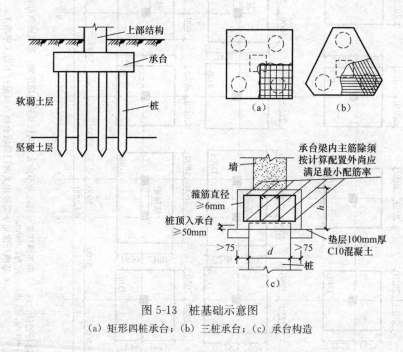

图 5-13　桩基础示意图

（a）矩形四桩承台；（b）三桩承台；（c）承台构造

1. 桩基承台编号

桩基承台又分为独立承台和承台梁，编号分别见表 5-12 和表 5-13。

独立承台编号　　　　　　　　　　　　　　　　　　　　　　　　表 5-12

类型	独立承台截面形状	代号	序号	说明
独立承台	阶形	CT_J	××	单阶截面即为平板式独立承台
	坡形	CT_P	××	

承台梁编号　　　　　　　　　　　　　　　　　　　　　　　　表 5-13

类型	代号	序号	跨数及有否外伸
承台梁	CTL	××	（××）端部无外伸 （××A）一端有外伸 （××B）两端有外伸

2. 桩基础施工图

桩基承台平法施工图，有平面注写与截面注写两种表达方式。承台注写说明见表 5-14。

承台注写说明 表 5-14

标注分类	注写形式	表达内容	附加说明
集中标注	$CT_p\times\times$	独立承台编号，包括：代号、序号	
	$h_1/h_2\cdots$	承台竖向尺寸	
	B：$\phi\times@\times\times\times$；T：$\phi\times@\times\times\times$；（X、Y 或 X&Y；$\triangle\times\times\phi\times\times\times3/\phi\times@\times\times\times$；$\triangle\times\times\phi\times\times+\times\times\phi\times\times2/\phi\times@\times\times\times$）	底部与顶部贯通纵筋强度等级、直径、间距（矩形或多边形表示方式；等边三桩承台表示方式，等腰三桩承台表示方式）	以"B"打头注写底部贯通纵筋，以"T"打头注写顶部贯通纵筋。矩形及多边承台用 X 和 Y 表示方向标注正交配筋；三桩承台在配筋前加"△"；当为等边三桩承台时注写"X3"，当为等腰三桩承台时注写"X2"
	$(\times.\times\times\times)$	注写承台底面标高	承台底面与基准标高不同时注写
	必要的文字注解		
原位标注	x、y、x_c、y_c 或 d_c、x_i、y_i	承台平面尺寸	x、y 为独立承台两向边长；x_c、y_c 为柱截面尺寸，或为 d_c；x_i、y_i 为阶宽或坡形平面尺寸

117

第6章　建筑结构抗震构造

知识要点及学习要求
> 了解抗震的基本知识
> 理解钢筋混凝土框架结构抗震设计的一般规定和抗震构造要求
> 理解砌体房屋抗震设计的一般规定和抗震构造要求

6.1　抗震基本知识

地震是最严重的自然灾害之一，它在极短的时间内造成惨重的人员伤亡和巨大的财产损失。2011年3月11日，当地时间14时46分，日本东北部海域发生里氏9.0级地震并引发海啸，造成重大人员伤亡和财产损失。地震造成日本福岛第一核电站1~4号机组发生核泄漏事故，造成大面积核扩散，此次地震称为"东日本大地震"。

一次又一次的地震灾难警示人们：防震减灾任重道远，刻不容缓！为了最大限度地减轻地震灾害，搞好新建工程的抗震设计是一项重要的根本的减灾措施。本章简要介绍地震及房屋建筑抗震设防的基本知识。

6.1.1　地震及其破坏作用

1. 地震的成因和类型

地震俗称地动，是一种具有突发性的自然现象。地震按其发生的原因，主要分为火山地震、塌陷地震、人工诱发地震以及构造地震。构造地震破坏作用大，影响范围广，是房屋建筑抗震研究的主要对象。建筑抗震设计中所指的地震是由于地壳构造运动（岩层构造状态的变动）使岩层发生断裂、错动而引起的地面振动，这种地面振动称为构造地震，简称地震。

地壳深处发生岩层断裂、错动的地方称为震源。震源正上方的地面称为震中。震中附近地面运动最激烈，也是破坏最严重的地区，叫震中区或极震区。地面上某处到震中的距离叫震中距。震源至地面的垂直距离称为震源深度。一般把震源深度小于60km的地震称为浅源地震；60~300km称为中源地震；大于300km称为深源地震。我国发生的绝大部分地震均属于浅源地震，如图6-1所示。

2. 地震的破坏作用

（1）地表的破坏现象

在强烈地震作用下，地表的破坏现象为：地裂缝、喷砂冒水、地面下沉及河岸、陡坡滑坡。

（2）建筑物破坏

1）结构丧失整体性

建筑物一般都由许多构件组成，在地震作用下因构件连接不牢、支撑长度不够或作为支座的墙体倒塌、柱断裂，都会引起结构丧失整体性而破坏。

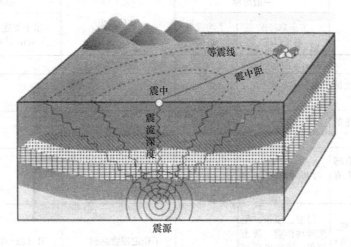

图 6-1　地震构造示意图

2）强度破坏

作为结构主要承重的构件，墙、柱、梁等由于其强度不足，在地震发生时首先破坏，不能继续承受重力荷载从而造成房屋倒塌。

3）地基失效

当建筑物建在软弱的地基土或液化的地基土上，而又未进行特殊处理，在地震发生时地基土的抗剪承载力不能抵抗重力的继续作用，从而造成建筑物沉陷、倾斜或倒塌。

（3）次生灾害

地震除直接造成建筑物破坏外，还会引起火灾、水灾、爆炸、细菌蔓延、有毒物质污染和海啸等次生灾害，尤其在大城市，由次生灾害造成的损失有时比地震直接产生的灾害造成的损失还要大。

6.1.2　震级与烈度

1. 震级

地震的震级是衡量一次地震大小的等级，它表示一次地震释放能量的多少，一次地震只有一个震级。地震的震级用 M 表示。

当震级相差 1 级时，地面振幅相差 10 倍。震级相差 1 级，能量相差 32 倍。

一般认为，M<2 的地震称为微震，人们感觉不到；M＝2～4 的地震称为有感地震；M>5 的地震称为破坏性地震，建筑物有不同程度的破坏；M＝7～8 的地震称为强烈地震或大地震；M>8 的地震称为特大地震。

2. 地震烈度

地震烈度指地震时某一地区地面和建筑物遭受一次地震影响的强烈程度。对于一次地震，表示地震大小的震级只有一个，但它对不同的地点影响程度是不一样的，一般来说，离震中越远，受到的影响就越小，烈度也就越低。对于一次地震的影响，随震中距的不同，可划分为不同的烈度区。中国地震烈度分级表见表 6-1。

烈度	人的感觉	一般房屋		其他现象	参考物理指标	
		大多数房屋震害程度	平均震害指数		水平加速度（cm/s²）	水平速度（cm/s）
1	无感					
2	室内个别静止的人有感觉					
3	室内少数静止的人有感觉	门、窗轻微作响		悬挂物微动		
4	室内多数人有感觉，室外少数人有感觉	门、窗作响		挂件明显摆动		
5	室内普遍感觉；室外多数人感觉；多数人梦中惊醒	门窗、屋顶、屋架颤动作响，灰土掉落，抹灰出现细微裂缝		不稳定器物翻倒	31（22～44）	3（2～4）
6	惊慌失措，仓皇逃出	个别砖瓦掉落、墙体微细裂缝	0～0.1	河岸和松软土上出现裂缝；饱和砂层出现喷砂冒水；地面上有的砖烟囱轻度裂缝、掉头	63（45～89）	6（5～9）
7	大多数人仓皇逃出	轻度破坏——局部破坏、开裂，但不妨碍使用	0.11～0.30	河岸出现塌方，饱和砂层常见喷砂冒水；松软土地上裂缝较多；大多数砖烟囱中等破坏	125（90～177）	13（10～18）
8	摇晃颠簸，行走困难	中等破坏——结构受损，需要修理	0.31～0.50	干硬土上亦有裂缝，大多数砖烟囱严重破坏	250（178～353）	25（19～35）
9	坐立不稳，行动的人可能摔倒	严重破坏——墙体龟裂、局部倒塌，修复困难	0.51～0.70	干硬土上有许多地方出现裂缝，基岩上可能出现裂缝；滑坡塌方常见，砖烟囱出现倒塌	500（354～707）	50（36～71）
10	骑自行车的人会摔倒；处于不稳定状态的人会摔出几尺远；有抛弃感	倒塌——大部分倒塌，不堪修复	0.71～0.90	山崩和地震断裂出现；基岩上的拱桥破坏；大多数砖烟囱从根部倒塌或捣毁	1000（708～1414）	100（72～141）
11		毁灭	0.91～1.00	地震断裂延续很长；山崩常见；基岩上拱桥毁坏		
12				地面剧烈变化，山河改观		

6.1.3 抗震设防烈度

1. 设防依据

一个地区的基本烈度是指该地区今后一定时间内（一般指50年），在一般场地条件下可能遭遇的超越概率为10%的地震烈度值。抗震设防烈度是指按国家规定的权限批准作为一个地区抗震设防依据的地震烈度。

一般情况下，抗震设防烈度可采用地震基本烈度值，即《建筑抗震设计规范》GB 50011—2010（以下简称《抗震规范》）的附录A规定的我国主要城市抗震设防烈度。表6-2列举了我国部分城市的抗震设防烈度。

我国部分城市抗震设防烈度表　　　　　　　　表 6-2

城市	抗震设防烈度	城市	抗震设防烈度
北京	8度	汶川	7度
上海	7度	香港	7度
昆明	8度	澳门	7度
大理	8度	青岛	6度
丽江	8度	祥云	8度
巧家	8度	保山	8度
拉萨	8度	红河	7度
香格里拉	7度	文山	6度
鲁甸	7度	罗平	6度

2. 抗震设防的一般目标

《抗震规范》规定以"三个水准"来表达抗震设防目标，即"小震不坏，中震可修，大震不倒"。

小震不坏：当遭受到多遇的低于本地区设防烈度的地震（小震）影响时，建筑一般应不受损坏或不需修理仍能继续使用。

中震可修：当遭受相当于本地区设防烈度的地震（中震）影响时，建筑可能有一定的损坏，经一般修理或不需修理仍能继续使用。

大震不倒：当遭受高于本地区设防烈度的罕遇地震（大震）影响时，不致倒塌或发生危及生命的严重破坏。

3. 建筑抗震设防分类

《抗震规范》将建筑按其使用功能的重要程度不同，分为以下四类（表6-3）。

建筑抗震设防分类表　　　　　　　　表 6-3

建筑抗震设防分类	甲类	重大建筑工程和地震时可能发生严重次生灾害的建筑
	乙类	地震时使用功能不能中断需尽快恢复的建筑，包括医疗、通信、交通、供水、供电、粮食等
	丙类	除甲、乙、丁类以外的一般建筑，如公共建筑、住宅、旅馆、厂房等
	丁类	抗震次要建筑，如一般性的仓库、人员较少的辅助性建筑

6.2 钢筋混凝土框架结构抗震构造

6.2.1 震害简介

1. 框架梁、柱的震害

（1）柱顶周围出现水平裂缝、斜裂缝或交叉裂缝，严重者混凝土被压碎掉落，柱内箍筋被拉断，纵筋被压曲呈灯笼状，上部梁、板倾斜。

（2）柱底距地面100～400mm处出现环向水平裂缝。

（3）柱的施工缝处常有一圈水平缝。

（4）短柱破坏。短柱刚度大，易产生剪切破坏。

（5）角柱破坏。由于角柱双向受弯、受剪，加上扭转作用，其震害较严重。

（6）梁端破坏。在梁的两端产生竖向缝或斜向缝。

（7）节点破坏。梁、柱节点区混凝土出现斜裂缝甚至挤压破碎。

2. 填充墙的震害

框架结构的填充墙破坏较为严重，一般7度即出现裂缝，9度以上填充墙大部分倒塌，在房屋中下部填充墙震害严重。

3. 其他震害

在地震时，常因地基的不均匀沉陷使上部结构倾斜甚至倒塌。

6.2.2 一般规定

为了保证框架结构的抗震性能，框架结构应设计成延性框架，遵守"强柱弱梁"、"强剪弱弯"、"强节点"、"强锚固"的设计原则。

1. 框架结构的最大适用高度

表6-4为框架结构的最大适用高度。

框架结构最大适用高度表 表6-4

结构种类	烈 度				
	6度	7度	8度（0.2g）	8度（0.3g）	9度
框架	60m	50m	40m	35m	24m

2. 框架结构的抗震等级

表6-5为框架结构的抗震等级。

框架结构的抗震等级 表6-5

结构类型		烈 度						
		6度		7度		8度		9度
	高度（m）	≤24	>24	≤24	>24	≤24	>24	≤24
框架结构	框架	四	三	三	二	二	一	一
	大跨度框架	三		二		一		一

3. 纵向受力钢筋连接接头

纵向受力钢筋连接接头的位置宜避开梁端、柱端箍筋加密区；当无法避开时，应采取满足等强度要求的高质量机械连接接头，且钢筋接头面积百分率不应超过50%。

4. 箍筋弯钩

箍筋的末端应做成 135°弯钩。

6.2.3 框架结构抗震构造措施

1. 现浇框架梁

（1）框架梁的截面尺寸，宜符合下列各项要求：

1）截面宽度不宜小于 200mm；

2）截面高宽比不宜大于 4；

3）净跨与截面高度之比不宜小于 4。

（2）梁纵向钢筋配置构造

1）梁端纵向受拉钢筋的配筋率不应大于 2.5%。

2）梁端截面的底面和顶面纵向钢筋配筋量的比值，一级不应小于 0.5，二、三级不应小于 0.3。

3）沿梁全长顶面和底面的配筋，一、二级不应少于 2Φ14，且分别不应少于梁两端顶面和底面纵向配筋中较大截面面积的 1/4，三、四级不应少于 2Φ12。

4）一、二、三级框架梁内贯通中柱的每根纵向钢筋直径，对框架结构不应大于矩形截面柱在该方向截面尺寸的 1/20，或纵向钢筋所在位置圆形截面柱弦长的 1/20；对其他结构类型的框架不宜大于矩形截面柱在该方向截面尺寸的 1/20，或纵向钢筋所在位置圆形截面柱弦长的 1/20。

（3）梁端箍筋构造

梁端箍筋加密区的长度、箍筋最大间距和最小直径应按表 6-6 采用，当梁端纵向受拉钢筋配筋率大于 2% 时，表中箍筋最小直径数值应增大 2mm。

梁端箍筋加密区的长度、箍筋的最大间距和最小直径　　表 6-6

抗震等级	加密区长度（取较大值）(mm)	箍筋最大间距（取最小值）(mm)	箍筋最小直径（mm）
一	$2h_b$，500	$h_b/4$，$6d$，100	10
二	$1.5h_b$，500	$h_b/4$，$8d$，100	8
三	$1.5h_b$，500	$h_b/4$，$8d$，150	8
四	$1.5h_b$，500	$h_b/4$，$8d$，150	6

注：1. d 为纵向钢筋直径，h_b 为梁截面高度；
　　2. 加密区的箍筋肢距，一级不宜大于 200mm，也不宜大于 20d；二、三级不宜大于 250mm，也不宜大于 20d；四级不宜大于 300mm。其中 d 为箍筋直径。

2. 现浇框架柱

（1）框架柱的截面

框架柱截面的宽度和高度，四级或不超过 2 层时不宜小于 300mm，一、二、三级且超过 2 层时不宜小于 400mm；圆柱的直径，四级或不超过 2 层时不宜小于 350mm，一、二、三级且超过 2 层时不宜小于 450mm；剪跨比宜大于 2；截面长边与短边的边长比不宜大于 3。

（2）柱轴压比

轴压比是指柱组合的轴压力设计值与柱的全截面面积和混凝土轴心抗压强度设计值乘积之比值。它是影响柱的破坏形态（大偏心受压破坏或小偏心受压破坏）和变形能力的重要因素。为了保证框架柱有一定延性，其轴压比不宜超过表 6-7 的规定，并不应大于 1.05。建造于Ⅳ类场地且较高的高层建筑，柱轴压比限值应适当减少。

结构类型	抗震等级			
	一	二	三	四
框架结构	0.65	0.75	0.85	0.90
框架-抗震墙	0.75	0.85	0.90	0.95

（3）柱纵向钢筋配置构造

柱纵向钢筋宜对称配置。截面边长大于 400mm 的柱，纵向钢筋间距不宜大于 200mm，柱总配筋率不应大于 5%。一级且剪跨比不大于 2 的柱，每侧纵向钢筋配筋率不宜大于 1.2%。边柱、角柱及抗震墙端柱在地震作用组合产生小偏心受拉时，柱内纵筋总截面面积应比计算值增加 25%。柱纵向钢筋的最小总配筋率应按表 6-8 采用，每一侧配筋率不应小于 0.2%。

柱截面纵向钢筋的最小总配筋率（%）　　　　　　表 6-8

类　　别	抗震等级			
	一	二	三	四
中柱和边柱	1.0	0.8	0.7	0.6
角柱、框支柱	1.1	0.9	0.8	0.7

注：1. 钢筋强度标准值小于 400MPa 时，表中数值应增加 0.1，钢筋强度标准值为 400MPa 时，表中数值应增加 0.05；
　　2. 混凝土强度等级高于 C60 时应增加 0.1。

（4）柱箍筋配置

1）柱箍筋加密范围

对柱端箍筋加密，可有效提高柱的抗震能力。因此，框架柱的箍筋应符合下列要求：

柱端取截面高度（圆柱直径），柱净高的 1/6 和 500mm 三者的最大值。底层柱，柱根不小于柱净高的 1/3；当有刚性地面时，除柱端外尚应取刚性地面上下各 500mm。剪跨比不大于 2 的柱和柱净高与柱截面高度之比不大于 4 的柱、框支柱、一级及二级框架的角柱，取全高。

2）加密区箍筋间距和直径

一般情况下，箍筋的最大间距和最小直径应按表 6-9 采用。

一级框架柱的箍筋直径大于 12mm 且箍筋肢距不大于 150mm 及二级框架柱的箍筋直径不小于 10mm 且箍筋肢距不大于 200mm 时，除底层柱下端外，最大间距应允许采用 150mm；三级框架柱的截面尺寸不大于 400mm 时，箍筋最小直径应允许采用 6mm；四级框架柱剪跨比不大于 2 时，箍筋直径不应小于 8mm。框支柱和剪跨比不大于 2 的柱，箍筋间距不应大于 100mm。

柱箍筋加密区的箍筋最大间距和最小直径　　　　　　表 6-9

抗震等级	箍筋最大间距（采用较小值，mm）	箍筋最小直径（mm）
一	6d，100	10
二	8d，100	8
三	8d，150（柱根 100）	8
四	8d，150（柱根 100）	6（柱根 8）

注：1. d 为柱纵筋最小直径；
　　2. 柱根指底层柱下端箍筋加密区。

3）加密区箍筋肢距

柱箍筋加密区箍筋肢距，一级不宜大于 200mm，二、三级不宜大于 250mm 和 20 倍箍筋直径的较大值，四级不宜大于 300mm。至少每隔一根纵向钢筋宜在两个方向有箍筋和柱筋约束；采用拉筋复合箍时，拉筋宜紧靠纵向钢筋并钩住箍筋。

4）柱箍筋加密区的体积配筋率

柱箍筋加密区的体积配筋率，一级不应小于 0.8%，二级不应小于 0.6%，三、四级不应小于 0.4%；计算复合螺旋箍的体积配箍率时，其非螺旋箍的箍筋体积应乘以折减系数 0.80。

5）柱箍筋非加密区的体积配筋率及箍筋间距

柱箍筋非加密区的体积配筋率不宜小于加密区的 50%；箍筋间距，一、二级框架柱不应大于 10 倍纵向钢筋直径，三、四级框架柱不应大于 15 倍纵向钢筋直径。

6）框架节点核心区箍筋的最大间距和最小直径

框架节点核心区箍筋的最大间距和最小直径宜按柱箍筋加密区要求采用。一、二、三级框架节点核心区配箍特征值分别不宜小于 0.12、0.10 和 0.08，且体积配箍率分别不宜小于 0.6%、0.5% 和 0.4%。柱剪跨比不大于 2 的框架节点核心区配箍特征值不宜小于核心区上、下柱端的较大配箍特征值。

3. 框架梁、柱纵向钢筋在节点核心区的锚固和搭接

（1）框架中间层中间节点的上部纵向钢筋应贯穿中间节点。

一、二级梁的下部纵向钢筋伸入中间节点的锚固长度不应小于 l_{aE}，且伸过中心线不应小于 $5d$。梁内贯穿中柱的每根纵向钢筋直径，对于一、二级抗震等级，不宜大于柱在该方向截面尺寸的 1/20。对于圆柱截面，梁最外侧贯穿节点的钢筋直径，不宜大于纵向钢筋所在位置柱截面弦长的 1/20。

（2）中间层端节点内的上部纵向钢筋锚固长度除应符合 l_{aE} 的规定外，并应伸过节点中心线不小于 $5d$。当纵向钢筋在端节点内的水平锚固长度不够时，沿柱节点外边向下弯折，经弯折后的水平投影长度，不应小于 $0.4l_{aE}$，垂直投影长度取 $15d$。

梁下部纵向钢筋在中间层端节点中的锚固措施与梁上部纵向钢筋相同，但竖直段应向上弯入节点。

（3）在顶层中间节点处，框架柱的纵向钢筋自梁底边算起的锚固长度不应小于 l_{aE}，并应伸到柱顶。当柱纵向钢筋在节点内的竖向锚固长度不够时，应伸至柱顶后向内水平弯折，弯折前的锚固段竖向投影长度不应小于 $0.5l_{aE}$，弯折后的水平投影长度取 $12d$。当楼盖为现浇混凝土，且板的混凝土强度不低于 C20，板厚不小于 80mm 时，也可向外弯折，弯折后的水平投影长度取 $12d$。对一、二级抗震等级，贯穿顶层中间节点的梁上部纵向钢筋的直径，不宜大于柱在该方向截面尺寸的 1/25。

梁下部纵向钢筋在顶层中间节点中的锚固措施与梁下部纵向钢筋在中间层中间节点处的锚固措施相同。

（4）框架顶层端节点处，柱外侧纵向钢筋可沿节点外边和梁上边与梁上部纵向钢筋搭接连接，搭接长度不应小于 $1.5l_{aE}$，且伸入梁内的柱外侧纵向钢筋截面面积不宜少于柱外侧全部柱纵向钢筋截面面积的 65%，其中不能伸入梁内的外侧柱纵向钢筋，宜沿柱顶伸至柱内边；当该柱筋位于顶部第一层时，伸至柱内边后，宜向下弯折不小于 $8d$（d 为外侧柱

纵向钢筋直径）后截断，当该柱筋位于顶部第二层时，可伸至柱内边后截断；当有现浇板时，且现浇板混凝土强度等级不低于 C20，板厚不小于 80mm 时，梁宽范围外的柱纵向钢筋可伸入板内，其伸入长度与伸入梁内的柱纵向钢筋相同。梁上部纵向钢筋应伸至柱外边并向下弯折到梁底标高。当柱外侧纵向钢筋配筋率大于 1.2% 时，伸入梁内的柱纵向钢筋应满足以上规定，且宜分两批截断，其截断点之间的距离不宜小于 20d（d 为梁上部纵向钢筋的直径）。

当梁、柱配筋率较高时，顶层端节点处的梁上部纵向钢筋和柱外侧纵向钢筋的搭接连接也可沿柱外边设置，搭接长度不应小于 $1.7l_{aE}$，其中，柱外侧纵向钢筋应伸至柱顶，并向内弯折，弯折段的水平投影长度不宜小于 12d（d 为柱纵向钢筋直径）。

梁上部纵向钢筋及柱外侧纵向钢筋在顶层端节点上角处的弯弧内半径，当钢筋直径 d≤25mm 时，不宜小于 6d；当钢筋直径 d>25mm 时，不宜小于 8d。当梁上部纵向钢筋配筋率大于 1.2% 时，弯入柱外侧的梁上部纵向钢筋除应满足以上搭接长度外，且宜分两批截断，其截断点之间的距离不宜小于 20d（d 为梁上部纵向钢筋直径）。

梁下部纵向钢筋在顶层端节点中的锚固措施与中间层端节点处梁上部纵向钢筋的锚固措施相同。柱内侧纵向钢筋在顶层端节点中的锚固措施与顶层中间节点处柱纵向钢筋的锚固措施相同。当柱为对称配筋时，柱内侧纵向钢筋在顶层端节点中的锚固要求可适当放宽，但柱内侧纵向钢筋应伸至柱顶。

（5）柱纵向钢筋不应在中间各层节点内截断。

6.3 砌体房屋抗震构造

6.3.1 震害简介

在强烈地震作用下，多层砌体房屋的破坏部位，主要是墙身和构件间的连接处。

1. 房屋倒塌

其包括上部倒塌、局部倒塌和全部倒塌。

2. 墙体的破坏

由于墙体的抗剪承载力的不足，在地震作用下墙体出现斜裂缝、交叉裂缝、水平裂缝等。这种裂缝的一般规律是上轻下重。

3. 墙角的破坏

房屋四角处由于地震作用时的扭转影响，受力复杂且约束作用较弱，而本身刚度又较大，地震时墙角部位墙面上将出现纵横两个方向上的 V 形斜裂缝，严重者则发生外墙角部局部倒塌。

4. 窗间墙和墙垛的破坏

细高的窗间墙受剪弯共同作用，易产生水平断裂而破坏。

5. 纵横墙连接处的破坏

纵横墙连接处要承受两个方向上的地震作用，受力复杂，当墙体间拉结不好时，易出现竖向裂缝，拉脱，纵墙外闪，严重者可造成整片纵墙脱离横墙而倒塌。

6. 楼、屋盖的震害

整体性较差的装配式楼、屋盖往往由于预制板端搁置长度过短，在地震时发生滑落。

7. 楼梯间的破坏

楼梯间开间较小，墙体水平抗剪刚度较大，承担水平地震作用较大，但缺乏有力的水平支撑。尤其是顶层自由高度较大，竖向压应力较小，墙体极易产生斜裂缝或交叉裂缝，故上层楼梯间墙震害比下层严重。当将楼梯间布置于房屋端部和转角处时，由于扭转作用，楼梯间墙的破坏更为严重，甚至发生倒塌。

8. 附属构件的破坏

突出屋面的附属构件，如女儿墙、烟囱、屋顶间等，在地震时由于"鞭端效应"的影响，地震反应强烈而产生破坏。整体稳定性不好的其他附属物也容易发生破坏和倒塌。

6.3.2 一般规定

1. 房屋高度的限制

一般情况下，砌体房屋总高度越高和层数越多，破坏就越严重。这是由于作用于多层房屋的水平地震作用随房屋层数增加而增加，地震倾覆力矩随高度而增大。因此，我国和其他一些国家的抗震规范都对砌体房屋的总高度和总层数加以限制。我国《抗震规范》规定当设置构造柱或芯柱后，多层砌体房屋的总层数和总高度应符合表 6-10 的规定。多层砌体承重房屋的层高，不应超过 3.6m。

房屋的层数和总高度限值（m） 表 6-10

多层砌体房屋	最小抗震墙厚度（mm）	烈 度											
		6		7				8				9	
		0.05g		0.10g		0.15g		0.20g		0.30g		0.40g	
		高度	层数	高度	层数	高度	层数	高度	层数	高度	层数	高度	层数
普通砖	240	21	七	21	七	21	七	18	六	15	五	12	四
多孔砖	240	21	七	21	七	18	六	18	六	15	五	9	三
多孔砖	190	21	七	18	六	15	五	15	五	12	四	不宜采用	
小砌块	190	21	七	21	七	18	六	18	六	15	五	9	三

横墙较少的多层砌体房屋，总高度应比表 6-10 的规定降低 3m，层数相应减少一层；各层横墙很少的多层砌体房屋，还应再减少一层。6、7 度时，横墙较少的丙类多层砌体房屋，当按规定采取加强措施并满足抗震承载力要求时，其高度和层数应允许仍按表 6-10 的规定采用。采用蒸压灰砂砖和蒸压粉煤灰砖的砌体房屋，当砌体的抗剪强度仅达到普通黏土砖砌体的 70% 时，房屋的层数应比普通砖房减少一层，总高度应减少 3m；当砌体的抗剪强度达到普通黏土砖砌体的取值时，房屋层数和总高度的要求同普通砖房屋。

2. 房屋最大高宽比

多层砌体房屋抗弯能力很差，在地震倾覆力矩作用下墙体水平截面易产生弯曲破坏，底层外纵墙出现水平裂缝，并延伸至内横墙，从而导致房屋的整体弯曲破坏。为了保证房屋的整体稳定，多层房屋的最大高宽比应符合表 6-11 的规定。

房屋最大高宽比 表 6-11

烈度	6	7	8	9
最大高宽比	2.5	2.5	2.0	1.5

注：1. 单面走廊房屋的总宽度不包括走廊宽度；
2. 建筑平面接近正方形时，其高宽比宜适当减小。

3. 结构布置

多层砌体房屋的建筑布置和结构体系应符合下列要求：

（1）应优先采用横墙承重或纵横墙共同承重的结构体系。不应采用砌体墙和混凝土墙混合承重的结构体系。

（2）纵横向砌体抗震墙的布置应符合下列要求：

1）宜均匀对称，沿平面内宜对齐，沿竖向应上下连续；且纵横向墙体的数量不宜相差过大；

2）平面轮廓凹凸尺寸，不应超过典型尺寸的50%；当超过典型尺寸的25%时，房屋转角处应采取加强措施；

3）楼板局部大洞口的尺寸不宜超过楼板宽度的30%，且不应在墙体两侧同时开洞；

4）房屋错层的楼板高差超过500mm时，应按两层计算；错层部位的墙体应采取加强措施；

5）同一轴线上的窗间墙宽度宜均匀；墙面洞口的面积，6、7度时不宜大于墙面总面积的55%，8、9度时不宜大于50%；

6）在房屋宽度方向的中部应设置内纵墙，其累计长度不宜小于房屋总长度的60%（高宽比大于4的墙段不计入）。

（3）房屋有下列情况之一时宜设置防震缝，缝两侧均应设置墙体，缝宽应根据烈度和房屋高度确定，可采用70～100mm：

1）房屋立面高差在6m以上；

2）房屋有错层，且楼板高差大于层高的1/4；

3）各部分结构刚度、质量截然不同。

（4）楼梯间不宜设置在房屋的尽端或转角处。

（5）不应在房屋转角处设置转角窗。

（6）横墙较少、跨度较大的房屋，宜采用现浇钢筋混凝土楼、屋盖。

（7）烟道、风道、垃圾道等不应削弱墙体；当墙体被削弱时，应对墙体采取加强措施；不宜采用无竖向配筋的附墙烟囱或出屋面的烟囱。

（8）不应采用无锚固的钢筋混凝土预制挑檐。

6.3.3 多层砖砌体房屋抗震构造措施

震害分析表明，在多层砖砌体房屋中的适当部位设置钢筋混凝土构造柱，并与圈梁连接使之共同工作，可以增加房屋的延性，提高抗倒塌能力，或者减轻房屋的损坏程度。

1. 钢筋混凝土构造柱

（1）构造柱的设置

多层砌体房屋，应按下列要求设置现浇钢筋混凝土构造柱：

1）多层普通砖、多孔砖房构造柱的设置部位，一般情况下应符合表6-12的要求。

2）外廊式和单面走廊式的多层房屋，应根据房屋增加一层后的层数，按上述要求设置构造柱，且按单面走廊两侧的纵墙均应按外墙处理。

3）横墙较少的房屋，应根据房屋增加一层后的层数，按表要求设置构造柱；当横墙较少的房屋为外廊式或单面走廊式时，应按上一条要求设置构造柱，但6度不超过四层、7度不超过三层和8度不超过二层时，应按增加二层的层数对待。

房屋层数				设置部位	
6 度	7 度	8 度	9 度		
四、五	三、四	二、三		楼、电梯间四角、楼梯斜梯段上下端对应的墙体处；外墙四角和对应转角；错层部位横墙与外纵墙交接处；较大洞口两侧	隔 12m 或单元横墙与外纵墙交接处；楼梯间对应的另一侧内横墙与外纵墙交接处
六	五	四	二		隔开间横墙（轴线）与外墙交接处；山墙与内纵墙交接处
七	≥六	五	三、四		内墙（轴线）与外墙交接处；内横墙的局部较小墙垛处；内纵墙与横墙（轴线）交接处

注：较大洞口，内墙指不小于 2.1m 的洞口；外墙在内外墙交接处已设置构造柱时应允许适当放宽，但洞侧墙体应加强。

（2）构造柱的截面尺寸及配筋

构造柱最小截面可采用 180mm×240mm（墙厚 190mm 时为 180mm×190mm），纵向钢筋宜采用 4Φ12，箍筋间距不宜大于 250mm，且在柱上下端应适当加密；6、7 度时超过六层、8 度时超过五层和 9 度时，构造柱纵向钢筋宜采用 4Φ14，箍筋间距不应大于 200mm；房屋四角的构造柱可适当加大截面及配筋。

（3）构造柱的连接

1）构造柱与墙连接处应砌成马牙槎，沿墙高每隔 500mm 设 2Φ6 水平钢筋和Φ4 分布短筋平面内点焊组成的拉结网片或Φ4 点焊钢筋网片，每边伸入墙内不宜小于 1m。6、7 度时底部 1/3 楼层，8 度时底部 1/2 楼层，9 度时全部楼层，上述拉结钢筋网片应沿墙体水平通长设置。

2）构造柱与圈梁连接处，构造柱的纵筋应在圈梁纵筋内侧穿过，保证构造柱纵筋上下贯通。

3）构造柱可不单独设置基础，但应伸入室外地面下 500mm，或与埋深小于 500mm 的基础圈梁相连。

（4）房屋高度和层数接近表 6-10 的限值时，纵、横墙内构造柱间距尚应符合下列要求：

1）横墙内的构造柱间距不宜大于层高的 2 倍；下部 1/3 楼层的构造柱间距适当减小；

2）当外纵墙开间大于 3.9m 时，应另设加强措施。内纵墙的构造柱间距不宜大于 4.2m。

2. 钢筋混凝土圈梁

设置钢筋混凝土圈梁是加强墙体的连接，提高楼盖刚度，抵抗地基不均匀沉降，限制墙体裂缝开展，保证房屋整体性，提高房屋抗震能力的有效构造措施。

（1）圈梁的设置部位

1）装配式钢筋混凝土楼、屋盖或木楼盖的砖房，横墙承重时应按表 6-13 的要求设置圈梁；纵墙承重时每层均应设置圈梁，且抗震横墙上的圈梁间距应比表内要求适当加密。

2）现浇或装配整体式钢筋混凝土楼、屋盖与墙体有可靠连接的房屋，应允许不另设圈梁，但楼板沿墙体周边应加强配筋并与相应的构造柱钢筋可靠连接。

表 6-13

墙类	烈 度		
	6、7 度	8 度	9 度
外墙和内纵墙	屋盖处及每层楼盖处	屋盖处及每层楼盖处	屋盖处及每层楼盖处
内横墙	同上；屋盖处间距不应大于4.5m；楼盖处间距不应大于7.2m，构造柱对应部位	同上；各层所有横墙，且间距不应大于4.5m；构造柱对应部位	同上；各层所有横墙

（2）圈梁的构造要求

1）圈梁应闭合，遇有洞口圈梁应上下搭接。圈梁宜与预制板设在同一标高处或紧靠板底；

2）圈梁在设置要求规定的间距内无横墙时，应利用梁或板缝中配筋替代圈梁；

3）圈梁的截面高度不应小于 120mm，配筋应符合表 6-14 的要求。当房屋地基为软弱土、液化土层时要求增设的基础圈梁，截面高度不应小于 180mm，配筋不应少于 4Φ12。

圈梁配筋要求　　　　　　　　表 6-14

配 筋	烈 度		
	6、7 度	8 度	9 度
最小纵筋	4Φ10	4Φ12	4Φ14
箍筋最大间距（mm）	250	200	150

3. 多层砖砌体房屋楼、屋盖

（1）现浇钢筋混凝土楼板或屋面板伸进纵、横墙内的长度，均不应小于 120mm。

（2）装配式钢筋混凝土楼板或屋面板，当圈梁未设在板的同一标高时，板端伸进外墙的长度不应小于 120mm，伸进内墙的长度不应小于 100mm，在梁上不应小于 80mm。

（3）当板的跨度大于 4.8m 并与外墙平行时，靠外墙的预制板侧边应与墙或圈梁拉结。

（4）房屋端部大房间的楼盖，6 度时房屋的屋盖和 7～9 度时房屋的楼、屋盖，当圈梁设在板底时，钢筋混凝土预制板应相互拉结，并应与梁、墙或圈梁拉结。

（5）楼、屋盖的钢筋混凝土梁或屋架应与墙、柱（包括构造柱）或圈梁可靠连接，不得采用独立砖柱。跨度不小于 6m 大梁的支承构件应采用组合砌体等加强措施，并满足承载力要求。

（6）6、7 度时长度大于 7.2m 的大房间，以及 8、9 度时外墙转角及内外墙交接处，应沿墙高每隔 500mm 配置 2Φ6 的通长钢筋和Φ4 分布短筋平面内点焊组成的拉结网片或Φ4 点焊网片。

（7）门窗洞处不应采用砖过梁；过梁支承长度，6～8 度时不应小于 240mm，9 度时不应小于 360mm。

（8）预制阳台，6、7 度时应与圈梁和楼板的现浇板带可靠连接，8、9 度时不应采用预制阳台。

（9）后砌的非承重隔墙应沿墙高每隔 500～600mm 配置 2Φ6 拉结钢筋与承重墙或柱拉结，每边伸入墙内不应少于 500mm；8 度和 9 度时，长度大于 5m 的后砌隔墙，墙顶尚应与楼板或梁拉结，独立墙肢端部及大门洞边宜设钢筋混凝土构造柱。

4. 楼梯间

为防止地震中楼梯间的破坏，保证人员的安全疏散，楼梯间应符合下列要求：

（1）顶层楼梯间墙体应沿墙高每隔500mm设2Φ6通长钢筋和Φ4分布短钢筋平面内点焊组成的拉结网片或Φ4点焊网片；7～9度时其他各层楼梯间墙体应在休息平台或楼层半高处设置60mm厚、纵向钢筋不应少于2Φ10的钢筋混凝土带或配筋砖带，配筋砖带不少于3皮，每皮的配筋不少于2Φ6，砂浆强度等级不应低于M7.5且不低于同层墙体的砂浆强度等级。

（2）楼梯间及门厅内墙阳角处的大梁支承长度不应小于500mm，并应与圈梁连接。

（3）装配式楼梯段应与平台板的梁可靠连接，8、9度时不应采用装配式楼梯段；不应采用墙中悬挑式踏步或踏步竖肋插入墙体的楼梯，不应采用无筋砖砌栏板。

（4）突出屋顶的楼、电梯间，构造柱应伸到顶部，并与顶部圈梁连接，所有墙体应沿墙高每隔500mm设2Φ6通长钢筋和Φ4分布短筋平面内点焊组成的拉结网片或Φ4点焊网片。

5. 基础

同一结构单元的基础（或桩承台），宜采用同一类型的基础，底面宜埋置在同一标高上，否则应增设基础圈梁并应按1:2的台阶逐步放坡。

第7章 综合案例

知识要点及学习要求
➤ 了解钢筋混凝土框架结构施工图的组成
➤ 掌握钢筋混凝土框架结构施工图的识读方法
➤ 了解砌体结构施工图的组成
➤ 掌握砌体结构施工图的识读方法

结构施工图是表达房屋结构构件（基础、墙体、柱、梁、板）的结构布置，构件的种类、数量、形状、大小、材料、构造及其相互关系的图样。结构施工图主要由结构设计说明、基础施工图、梁施工图、板施工图、柱施工图及结构大样图组成。

结构施工图主要作为施工放线、开挖基槽、支模板、绑扎钢筋、设置预埋件、浇筑混凝土、安装梁板柱等构件以及编制预算和施工组织计划的依据。正确的识读结构施工图，掌握结构构造，并按图施工，是每个施工员都应掌握的技能。本章以《建筑工程实例图册》（中国建筑工业出版社，黄洁主编）（以下简称《图册》）中两套完整的结构施工图为例说明钢筋混凝土框架结构施工图和砌体结构施工图的识图方法。其中，钢筋混凝土框架结构施工图简称案例一，砌体结构施工图简称案例二。

7.1 钢筋混凝土框架结构施工图识读

7.1.1 钢筋混凝土框架结构施工图的组成

钢筋混凝土框架结构施工图由以下部分组成：

（1）结构设计总说明。

（2）基础图，包括基础平面图和基础详图。

（3）结构平面图，包括柱结构平面图和梁结构平面图。

（4）结构构件详图，包括板结构详图，楼梯结构详图，其他详图（如预埋件、连接件、节点大样等）。

7.1.2 钢筋混凝土框架结构施工图的识读

1. 结构设计总说明

结构设计总说明是建筑结构专业施工图设计文件中最重要的文件之一，对建筑结构专业施工图设计起着纲领性指导作用。一般放在第1页，其包括以下内容：

（1）工程概况

1）房屋建筑的名称和使用功能。

2）房屋建筑拟建场地所在地区或位置。

3）房屋建筑的高度、层数、结构类型及抗震等级。

（2）结构设计的主要依据

1）结构设计所采用的现行国家规范、标准及规程（包括标准的名称、编号、年号和版本号）；

2）建筑物所在场地的岩土工程勘察报告；

3）场地地震安全性评价报告及风洞试验报告（必要时提供）；

4）建设单位提出的与结构有关的符合相关标准、法规的书面要求；

5）初步设计的审查、批复文件；

6）对于超限高层建筑工程，应有超限高层建筑工程抗震设防专项审查意见。

（3）建筑的分类等级

1）建筑结构的安全等级和设计使用年限；混凝土结构构件的环境类别和耐久性要求；砌体结构的施工质量控制等级；

2）建筑的抗震设防类别、抗震设防烈度（设计基本地震加速度、设计地震分组、场地土类别及结构阻尼比）和钢筋混凝土结构的抗震等级；

3）地下室及水池等防水混凝土的抗渗等级；

4）人防地下室的类别（甲类或乙类）及抗力级别；

5）建筑的耐火等级和构件的耐火极限。

（4）结构整体计算及其他计算所采用的软件名称、版本号和编制单位。

（5）设计采用的荷载（作用）

1）楼（屋）面均布荷载标准值（面层荷载、活荷载、吊挂荷载等）及墙体荷载、特殊荷载（如设备荷载）等；

2）风荷载（基本风压及地面粗糙度、体型系数、风振系数等）；雪荷载（基本雪压及积雪分布系数等）；

3）地震作用、温度作用及防空地下室结构各部位的等效静荷载标准值等。

（6）地基与基础

1）工程地质及水文地质概况，各土层的压缩模量及承载力特征值；对不良地基的处理措施及技术要求，抗液化措施及要求，地基土的冰冻深度等；

2）注明地基基础的设计等级、基础形式及基础持力层；当采用桩基础时，应简述桩型、桩长、桩径、桩端持力层及桩进入持力层的深度，设计所采用的单桩承载力特征值（必要时包括桩的竖向抗拔承载力和水平承载力）等；当采用桩基础时，还应有试桩报告或深层平板载荷试验报告或基岩载荷板试验报告；

3）地下室防水设计水位、抗浮设计水位及抗浮措施，施工期间的降水要求及终止降水的条件等；

4）基础大体积混凝土的施工要求及基坑、承台坑回填土的回填要求；

5）当有人防地下室时，应图示人防部分及非人防部分的分界范围。

（7）主要结构材料

1）结构所采用的材料，如混凝土、钢筋（包括预应力钢筋）、砌体的块材和砌筑砂浆等结构材料，应说明其品种、规格、强度等级、特殊性能要求、自重及相应的产品标准；

2）成品拉索、预应力结构构件的锚具、成品支座（如各类橡胶支座、钢支座、隔震支座等）、阻尼器等特殊产品的参考型号、主要性能参数及相应的产品标准；

3）钢结构所用材料（包括连接材料）。

（8）钢筋混凝土构件

1）受力钢筋的混凝土保护层最小厚度，钢筋的锚固长度、搭接长度、连接方式及要求，各类构件受力钢筋的锚固构造要求；

2）预应力构件采用后张法时的孔道做法及布置要求、灌浆要求等，预应力构件张拉端、固定端的构造做法及要求，锚固防护要求等，预应力结构的张拉控制应力、张拉顺序、张拉条件（如张拉时的混凝土强度等）、必要的张拉测试要求等；

3）后浇带的施工要求（包括补浇时间及补浇混凝土性能和强度等级等），特殊构件施工缝的位置及处理要求；

4）梁、板、墙预留孔洞的统一要求及补强加固要求，各类预埋件的统一要求，梁、板的起拱要求及拆模条件。

（9）围护墙、填充墙和隔墙

1）墙体材料的种类、厚度和材料重量限制；

2）与梁、柱、墙等主体结构构件的连接做法和要求。

（10）图纸说明

1）图纸中标高、尺寸的单位；

2）设计±0.000标高所对应的绝对标高；

3）当图纸按工程分区编号时，应有图纸编号说明。

（11）列出所采用的标准图集的名称和图集号；所采用的通用构造做法应绘制详图。

（12）检测或观测要求

1）沉降观测要求及高层、超高层建筑必要时的日照变形等观测要求；

2）大跨度结构和特殊结构必要时的实验、检测及要求。

（13）施工应遵守的现行国家标准、规范及施工中需注意的事项。

在案例一中，结施-01（见《图册》第60页）为结构设计总说明。

2. 基础图

基础图是表示建筑物室内地面以下基础部分的平面布置和详细构造的图样，包括基础平面图和基础详图，主要反映基础类型、平面布置、尺寸大小、材料及详细构造要求等。基础施工图是施工放线、开挖基坑（基槽）、基础施工、计算基础工程量的依据。

在案例一中，结施-02（见《图册》第61页）、结施-03（见《图册》第62页）为基础平面图和基础详图。

（1）基础平面图

基础平面布置图包括基础的构造形式、平面布置，基础墙的厚度，基础底面的宽度，基础梁、地圈梁的平面布置，基础墙上预留孔的位置、规格、标高，基础详图的剖切位置、剖视方向和编号等。

由结施-02、结施-03可知：

1）图名是基础平面布置图，绘制比例为1∶80。

2）横向定位轴线编号从①～⑩，横向（轴线间）总长42300mm；竖向定位轴线编号从Ⓐ～Ⓒ，竖向（轴线间）总长9600mm。

3）图中涂成黑色的矩形，大的是框架柱，小的是构造柱。基础为柱下独立基础，如Ⓐ轴线的 J-2 和 J-5，Ⓑ轴线的 J-3，Ⓒ轴线的 J-1 和 J-4。定位轴线两侧的平行线一种是表示条形基础，如Ⓒ轴线，外侧的细线是可见的基础底部轮廓线，一种是表示拉梁 LL-1 的断面轮廓线，如④轴线。

4）基础断面有 1-1 截面，拉梁有 LL-1、LL-2。

（2）基础详图

基础详图包括图名和比例，轴线及编号，基础的详细尺寸，基础的断面形式、大小，材料，配筋情况，大放脚的做法，垫层的厚度，地圈梁的位置、尺寸和配筋，室内外地面标高及基础底面标高等。

本书介绍结施-02 中 1-1 剖面和结施-03 中 J-1 大样（图 7-1）。

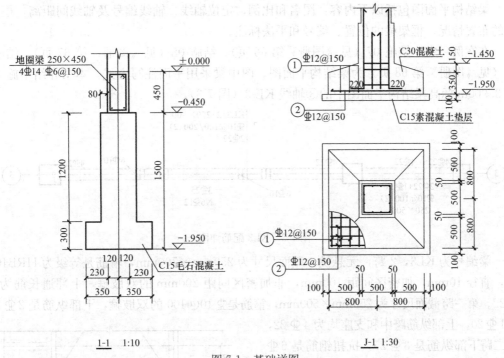

图 7-1 基础详图

1）基础 1-1 详图：图名是 1-1，绘制比例 1：10，墙体厚度为 240mm，基础宽度为 700mm，基础为墙下条形基础，共 2 阶，第 1 阶高 300mm，阶宽 150mm，第 2 阶高 1200mm，阶宽 80mm；采用 C15 毛石混凝土。地圈梁顶标高±0.000，截面尺寸 240mm×450mm，纵筋是 4Φ14，箍筋是Φ6@150。

2）基础 J-1 详图：图名是 J-1，绘制比例 1：30，基础为现浇钢筋混凝土锥形基础，混凝土强度等级为 C30。基底宽度为 1600mm×1600mm，锥形基础边缘高度为 350mm，坡高 150mm，底标高-1.950，顶标高-1.450。基础底面双向配置Φ12@150 钢筋，柱筋锚入基础水平长度 220mm。基础下为 100mm 厚的 C15 素混凝土垫层。

3. 柱结构平面图

柱结构平面图包括以下内容：图名和比例，定位轴线、轴线编号及轴线间距离，框架梁的布置情况，框架柱的位置、编号和平法标注。

135

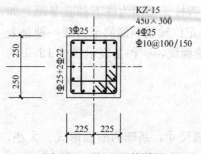

图 7-2 KZ-15 配筋详图

在案例一中，结施-04（见《图册》第 63 页）、结施-05（见《图册》第 64 页）、结施-06（见《图册》第 65 页）为柱结构平面图。图中柱采用截面注写方式，下面介绍结施-04 的第一层柱结构平面图中轴线⑥-ⓒ处 KZ-15（图 7-2）。

柱编号为 KZ-15，截面尺寸为 450mm×500mm，⑥轴线左右各 225mm、ⓒ轴线上下各 250mm，角筋为 4⏀25，水平方向一侧中部筋为 3⏀25，竖向一侧中部筋为 1⏀25＋2⏀22，箍筋是等级为 HRB400 级，直径 10mm，加密区间距 100mm，非加密区间距 150mm，两边均为 4 肢的井字箍。

4. 梁结构平面图

梁结构平面图包括以下内容：图名和比例，定位轴线、轴线编号及轴线间距离，框架柱的布置情况，框架梁的位置、编号和平法标注。

在案例一中，结施-07（见《图册》第 66 页）、结施-08（见《图册》第 67 页）、结施-09（见《图册》第 68 页）为梁结构平面图。图中梁采用平面注写方式，本书介绍结施-07 的 3.900m 标高梁结构平面图中的③轴线 KL-3（图 7-3）。

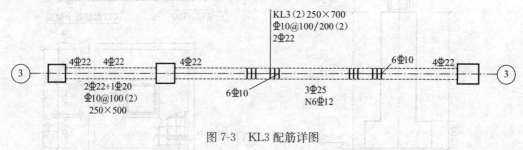

图 7-3 KL3 配筋详图

梁编号为 KL3，2 跨，无悬挑，截面尺寸为 250mm×700mm，箍筋是等级为 HRB400 级，直径 10mm，加密区间距 100mm，非加密区间距 200mm 的双肢箍，上部通长筋为 2⏀22。第一跨截面尺寸为 250mm×500mm，箍筋是⏀10@100 的双肢箍，下部纵筋是 2⏀22＋1⏀20，上部纵筋跨中和支座均为 4⏀22，第二跨下部纵筋是 3⏀25，抗扭钢筋是 6⏀12，两边支座各有 4⏀22 负弯矩钢筋，主次梁交接处（有两处），有 6⏀10 附加箍筋，次梁两侧各有 3⏀10 附加箍筋。

5. 板配筋图

板配筋图包括以下内容：图名和比例，定位轴线、轴线编号及轴线间距离，板厚，框架柱、框架梁的布置情况，板的配筋。

在案例一中，结施-10（见《图册》第 69 页）、结施-11（见《图册》第 70 页）为板配筋图。图中采用传统的表达方式，本书介绍结施-10 的 3.900～7.800m 标高板配筋图中左下角①～②轴线所围成的两块板（图 7-4）。

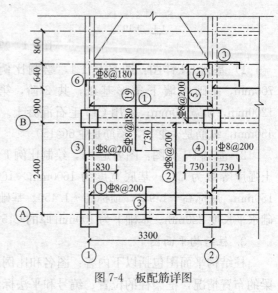

图 7-4 板配筋详图

（1）第一块板（Ⓑ轴线以下的板）：轴线尺寸 x 方向为 3300mm，y 方向为 2400mm，板底受力筋 x 方向为①号钢筋Φ8@200，y 方向为②号钢筋Φ8@200，板面负弯矩钢筋为③号钢筋Φ8@200，水平长 830mm，④号钢筋Φ8@200，左右从梁中各伸出 730mm，而⑲号钢筋Φ8@180 负弯矩钢筋拉通了两个支座，下端从梁中伸出 730mm。

（2）第二块板（Ⓑ轴线以上的板）：轴线尺寸 x 方向为 3300mm，y 方向为 1540mm，板底受力筋 x 方向为①号钢筋Φ8@200，y 方向为⑤号钢筋Φ8@200，板面负弯矩钢筋均为两边支座拉通，x 方向为⑥号钢筋Φ8@180，右端从梁中伸出 730mm，y 方向为⑲号钢筋Φ8@180。

（3）说明板厚：未标注板厚均为 110mm。

6. 节点大样及配筋详图

节点大样及配筋详图包括以下内容：图名和比例，构件及节点的形状、尺寸、做法及配筋。

在案例一中，结施-12（见《图册》第71页）为节点大样及配筋详图，女儿墙大样详见结施-11。本书介绍结施-12中的圈梁和构造柱详图（图7-5）。

（1）圈梁：图名为圈梁，图中代号为 QL，宽度同墙体厚，高 300mm，下部钢筋为 2Φ12，上部钢筋为 2Φ14，箍筋采用Φ6 @200 的双肢箍。

（2）构造柱：图名为构造柱，截面尺寸为 240mm×240mm 或 200mm×200mm，具体详见建筑图，楼梯处构造柱见楼梯详图。纵筋为 4Φ14，箍筋采用Φ6 的方形箍，间距是加密区 100mm，非加密区 200mm。

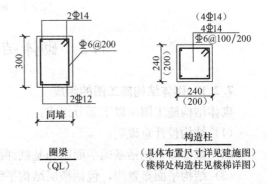

图 7-5　圈梁和构造柱详图

7. 楼梯结构及配筋详图

楼梯结构及配筋详图包括楼梯结构平面图、剖面图和配筋详图。

（1）楼梯结构平面图。主要表明楼梯各构件，如楼梯梁、梯段板、平台板等的平面布置，代号，尺寸大小，平台板的配筋等。

（2）楼梯结构剖面图。主要表明构件的尺寸与标高，梯段板和楼梯梁的竖向布置等。

（3）楼梯配筋详图。主要表明梯段板和楼梯梁的尺寸与配筋构造等。

在案例一中，结施-13（见《图册》第72页）为楼梯结构及配筋详图。图中采用传统的表达方式，本书介绍结施-13中的TB-11（图7-6）。

图名TB-11，绘制比例 1：25，梯段板水平投影长 3360mm，竖向高 1950mm，板厚 120mm，下部纵筋是①号钢筋Φ10@130，支座负弯矩钢筋是③和④号钢筋，均为Φ8@100，伸出段水平投影长度 770mm，锚入梯梁竖向 180mm，分布钢筋是②号钢筋Φ8@200。平台板净跨长 2000mm，板厚 120mm，两边梯梁宽 200mm，平台板标高是 1.950m，板底纵筋是⑬号钢筋Φ8@200，负弯矩钢筋Φ8@150 拉通支座，分布钢筋是②号钢筋Φ8@200。

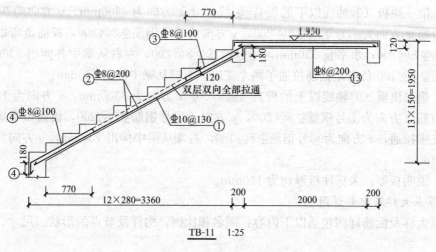

TB-11 1:25

图 7-6 楼梯配筋详图

7.2 砌体结构施工图识读

7.2.1 砌体结构施工图的组成

砌体结构施工图由以下部分组成：

(1) 结构设计总说明。

(2) 基础图，包括基础平面图和基础详图。

(3) 结构平面布置图，包括楼层结构平面布置图和屋面结构平面布置图。

(4) 结构构件详图，包括板、梁结构详图，楼梯结构详图，其他详图（如圈梁、构造柱、预埋件、连接件、节点大样等）。

7.2.2 砌体结构施工图的识读

1. 结构设计总说明

砌体结构施工图结构设计总说明包括的内容与钢筋混凝土框架结构施工图相同，本节不再重复（与上节内容相同的部分均不再重复）。在案例二中，结施-01（见《图册》第 16 页）为结构施工图设计说明。

2. 基础图

包括基础平面图和基础详图，在案例二中，结施-02（见《图册》第 17 页）、结施-03（见《图册》第 18 页）为基础平面图和基础详图。

(1) 基础平面图

由结施-02（《图册》第 17 页）可知：

1) 图名是基础平面布置图，绘制比例为 1：100。B1 栋四单元连说明 B1 栋有四个单元相连，下面以左起第一单元为例。

2) 水平定位轴线编号从①~⑬；竖向定位轴线编号从Ⓐ~Ⓙ。

3) 基础分布在各轴线上，为墙下条形基础，如①轴线。定位轴线两侧的平行线是基础墙的断面轮廓线，两条墙线外侧的细线是可见的基础底部轮廓线。图中绘制了这两组平行线的轴线位置即布置了墙下条形基础。

4）图中还有几处在轴线两侧只绘制了一组平行线，如③轴线Ⓓ～Ⓔ部分，这组平行线表示在该位置只设置了地圈梁，没有条形基础。

5）基础断面有剖面 1-1、2-2、3-3、4-4。

（2）基础详图

基础详图包括图名和比例，轴线及编号，基础的详细尺寸，基础的断面形式、大小、材料，配筋情况，大放脚的做法，垫层的厚度，地圈梁的位置、尺寸和配筋，墙厚，室内外地面标高及基础底面标高等。

本书介绍结施-02（见《图册》第 17 页）中的剖面 1-1 和 3-3（图 7-7）。

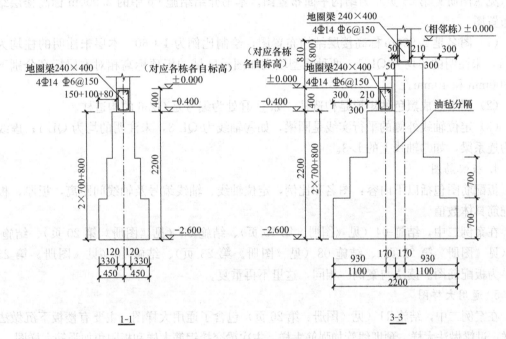

图 7-7　基础详图

1）基础 1-1 详图：图名是 1-1，基底标高－2.600；基础为墙下条形基础；采用 C15 毛石混凝土；基础宽度为 900mm，高度为 2200mm；共 3 阶，第 1 阶高 700mm，阶宽 150mm，第 2 阶高 700mm，阶宽为 100mm，第 3 阶高 800mm，阶宽为 80mm；墙体厚度为 240mm；地圈梁顶标高±0.000，截面尺寸 240mm×400mm，纵筋为 4⊕14，箍筋为⊕6@150。

2）基础 3-3 详图：图名是 3-3，该图表示两个单元相连处的基础详图（注意两条轴线）。左边的轴线代表左边单元的⑬轴线，右边的轴线代表右边单元的①轴线，可见两边的基础是偏心布置的。基础均为墙下条形基础；采用 C15 毛石混凝土；左边基础宽度为 1100mm，轴线以左为 930mm，以右为 170mm，高度为 2200mm；共 3 阶，第 1 阶高 700mm，阶宽 300mm，第 2 阶高 700mm，阶宽 300mm，第 3 阶高 800mm，阶宽 210mm；墙体厚度为 240mm；地圈梁顶标高对应左边单元±0.000，截面尺寸 240mm×400mm，纵筋为 4⊕14，箍筋为⊕6@150；墙体和地圈梁居中布置。右边基础宽度为 1100mm，轴线以左为 170mm，以右为 930mm，高度为 3010mm（第四单元为 3000mm）；共 3 阶，第 1

阶高 700mm，阶宽 300mm，第 2 阶高 700mm，阶宽 300mm，第 3 阶高 1610mm，阶宽 210mm；墙体厚度为 240mm；地圈梁顶标高对应右边单元±0.000，截面尺寸 240mm× 400mm，纵筋为 4 Φ 14，箍筋为 Φ 6@150；墙体和地圈梁居中布置。两个单元的基础中间用油毡分隔。

3. 结构平面布置图

结构平面布置图包括以下内容：图名和比例，定位轴线、轴线编号及轴线间距离，梁的布置、编号，构造柱的布置、编号和圈梁的布置、编号。

在案例二中，结施-06（见《图册》第 21 页）、结施-09（见《图册》第 24 页）、结施-11（见《图册》第 26 页）为结构平面布置图。本书介绍结施-06 中的 2.900m 标高楼层结构布置图。

（1）图名是 2.900m 标高楼层结构布置图，绘制比例为 1：60。本层未注明的柱均为 GZ-1，未注明的梁均为 QL-1，两种线型填充如图示区域的板顶标高相对本层标高分别下沉 300mm 和 40mm。

（2）图中涂成黑色的矩形是构造柱，如①-⑪处为编号是 GZ-6 的构造柱。

（3）定位轴线外侧的平行实线是圈梁，如Ⓐ轴线为 QL-3，未注明的均为 QL-1；虚线则为连系梁，如⑤轴线上的 L-3。

4. 板配筋图

板配筋图包括以下内容：图名和比例，定位轴线、轴线编号及轴线间距离，板厚，板的配筋具体数值。

在案例二中，结施-04（见《图册》第 19 页）、结施-05（见《图册》第 20 页）、结施-07（见《图册》第 22 页）、结施-08（见《图册》第 23 页）、结施-10（见《图册》第 25 页）为板配筋图。读法与案例一相同，这里不再重复。

5. 通用大样图

在案例二中，结施-11（见《图册》第 26 页）包含了通用大样图，主要有楼板下沉做法大样、过梁做法大样、预埋线管加强筋大样、主次梁交接钢筋大样和板阴角加强筋大样图。

6. 梁的配筋图

这里的梁是指除了圈梁以外的楼层梁，也称为连系梁，与结构平面布置图上的编号一一对应。在案例二中，结施-12（见《图册》第 27 页）为连系梁 L-1～L-7，WL 1～WL-6 的配筋图。每种梁都可以在结构平面布置图上找到相应的编号。本书介绍结施-12 中的 L-2。

由图 7-8 可知 L-2 的跨度（轴线距离）为 2900mm，梁的截面尺寸和配筋见剖面 3-3。梁宽 240mm，梁高 400mm，上部配筋为 2 Φ 14，下部配筋为 2 Φ 14，箍筋采用 Φ 6 钢筋，加密区间距 100mm，非加密区间距 200mm，加密区长度为支座左右各 650mm。

7. 建筑大样配筋图

在案例二中，结施-13（见《图册》第 28 页）为建筑大样配筋图，主要是说明建筑大样图所对应的具体做法。图名第一个带圈的数字或字母与建筑图标识的大样图编号一一对应，表达该处的具体配筋方法。建筑大样配筋图的读法与案例一相同。

8. 楼梯配筋图

楼梯配筋图包括楼梯结构平面图、剖面图和配筋详图。在案例二中，结施-14（见《图册》第 29 页）为楼梯配筋图。楼梯配筋图读法与案例一完全相同，这里不再重复。

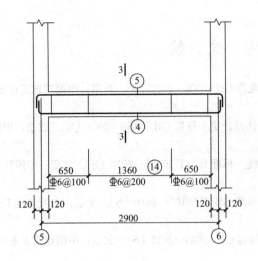
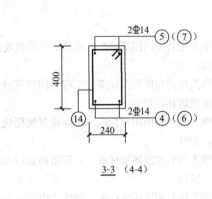

图 7-8 L-2 配筋图

141

参 考 文 献

[1] 中华人民共和国国家标准. 建筑结构荷载规范 GB 50009—2012 [S]. 北京：中国建筑工业出版社，2012.

[2] 中华人民共和国国家标准. 工程结构可靠性设计统一标准 GB 50153—2008 [S]. 北京：中国建筑工业出版社，2009.

[3] 中华人民共和国国家标准. 房屋建筑制图统一标准 GB/T 50001—2010 [S]. 北京：中国计划出版社，2011.

[4] 中华人民共和国国家标准. 建筑结构制图标准 GB/T 50105—2010 [S]. 北京：中国建筑工业出版社，2010.

[5] 中华人民共和国国家标准. 砌体结构设计规范 GB 50003—2011 [S]. 北京：中国建筑工业出版社，2012.

[6] 中华人民共和国国家标准. 钢结构设计规范 GB 50017—2003 [S]. 北京：中国建筑工业出版社，2003.

[7] 中华人民共和国国家标准. 建筑地基基础设计规范 GB 50007—2011 [S]. 北京：中国建筑工业出版社，2012.

[8] 中华人民共和国国家标准. 建筑抗震设计规范 GB 50011—2010 [S]. 北京：中国建筑工业出版社，2010.

[9] 中华人民共和国行业标准. 高层建筑混凝土结构技术规程 JGJ 3-2010 [S]. 北京：中国建筑工业出版社，2011.

[10] 中国建筑标准设计研究院. 混凝土结构施工图平面整体表示方法制图规则和构造详图（现浇混凝土框架、剪力墙、梁、板）11G101-1 [S]. 北京：中国计划出版社，2011.

[11] 中国建筑标准设计研究院. 混凝土结构施工图平面整体表示方法制图规则和构造详图（现浇混凝土板式楼梯）11G101-2 [S]. 北京：中国计划出版社，2011.

[12] 中国建筑标准设计研究院. 混凝土结构施工图平面整体表示方法制图规则和构造详图（独立基础、条形基础、筏形基础及桩基承台）11G101-3 [S]. 北京：中国计划出版社，2011.

[13] 中国建筑标准设计研究院. 混凝土结构施工图平面整体表示方法制图规则和构造详图（剪力墙边缘构件）12G101-4 [S]. 北京：中国计划出版社，2011.

[14] 中国建筑标准设计研究院. 混凝土结构施工钢筋排布规则与构造详图（现浇混凝土框架、剪刀墙、梁、板）12G901-1 [S]. 北京：中国计划出版社，2012.

[15] 中华人民共和国国家标准. 混凝土结构设计规范 GB 50010—2010 [S]. 北京：中国建筑工业出版社，2011.

[16] 吴承霞，陈式浩. 建筑结构 [M]. 北京：高等教育出版社，2002.

[17] 胡兴福. 建筑结构 [M]. 北京：中国建筑工业出版社，2009.

[18] 王咏今. 建筑力学与结构 [M]. 重庆：重庆大学出版社，2008.

[19] 薛志成，程东辉. 混凝土结构设计原理 [M]. 北京：中国质检出版社，2010.

[20] 孙跃东. 混凝土结构设计原理 [M]. 北京：科学出版社，2013.

[21] 李晓红，袁帅. 混凝土结构平法施工图识读 [M]. 北京：中国电力出版社，2010.

[22] 付秀艳，邱培彪. 结构施工图识读 [M]. 武汉：武汉理工大学出版社，2012.

[23] 郭荣玲. 建筑识图入门300例：钢结构工程施工图 [M]. 北京：机械工业出版社，2011.

[24] 侯治国，陈伯望. 混凝土结构 [M]. 武汉：武汉理工大学出版社，2011.

[25] 中国机械工业教育协会. 钢筋混凝土结构及砌体结构 [M]. 北京：机械工业出版社，2013.

[26] 侯治国，周绥平. 建筑结构（第3版）[M]. 武汉：武汉理工大学出版社，2011.

[27] 吴承霞. 建筑力学与结构 [M]. 北京：北京大学出版社，2009.

[28] 朱炳寅. 建筑抗震设计规范应用与分析 [M]. 北京：中国建筑工业出版社，2011.

[29] 危道军，王延该. 土木建筑制图 [M]. 北京：高等教育出版社，2008.

[30] 周振喜. 简明钢筋混凝土结构构造手册（第4版）[M]. 北京：机械工业出版社，2013.

[31] 林伟民. 建筑结构基础 [M]. 重庆：重庆大学出版社，2006.

[32] 彭利英. 建筑结构平面整体设计方法 [M]. 北京：机械工业出版社，2010.

[33] 姜学诗. 建筑结构施工图设计文件审查常见问题分析 [M]. 北京：中国建筑工业出版社，2009.

[34] 熊丹安，陈志永. 建筑结构 [M]. 广州：华南理工大学出版社，2011.

[35] 熊丹安，杨冬梅. 建筑结构（第6版）[M]. 广州：华南理工大学出版社，2013.

[36] 周坚，王红雨. 建筑结构识图与构造 [M]. 北京：中国电力出版社，2012.

[37] 杨鼎久. 建筑结构 [M]. 北京：机械工业出版社，2012.

[38] 杨太生. 建筑结构基础与识图 [M]. 北京：中国建筑工业出版社，2013.

[39] 梁慧，刘粤. 建筑工程基础：建筑力学、结构与识图（第2版）[M]. 北京：高等教育出版社，2012.

[40] 刘英明. 建筑结构与识图 [M]. 北京：化学工业出版社，2012.